Gerzelka, UKW-Amateurfunk

Das kleine Praktikum

Gerhard E. Gerzelka

UKW-Amateurfunk

Sender, Empfänger und Antennen

Mit 107 Abbildungen

FRANZIS

CIP-Kurztitelaufnahme der Deutschen Bibliothek

Gerzelka, Gerhard E.
UKW-Amateurfunk: Sender, Empfänger u. Antennen. – 1. Aufl. – München: Franzis, 1978.
(Das kleine Praktikum)
ISBN 3-7723-6471-3

1978

Franzis-Verlag GmbH, München

Druck: Franzis-Druck GmbH, Karlstraße 35, 8000 München 2.
Printed in Germany. Imprimé en Allemagne.

ISBN 3-7723-6471-3

Vorwort

Es ist überraschend, daß ein erheblicher Teil der am UKW-Amateurfunk Interessierten den mit viel Enthusiasmus erklommenen hohen Bändern schon recht bald wieder den Rücken zukehrt und sich den Kurzwellen zuwendet; oder das Hobby sogar ganz aufgibt. Ursache ist in vielen Fällen sicherlich Enttäuschung über geringe Reichweiten, die so garnicht in das Bild passen, das vor allem Geräteprospekte verheißen. Dabei stecken die UKW-Bänder voller hochinteressanter Arbeitsmöglichkeiten, und die Reichweiten lassen sich mit interkontinentalen Maßstäben messen.

Dieses Buch möchte einen Grundstock des Wissens vermitteln, das für eine dauerhaft erfolgreiche UKW-Arbeit Voraussetzung ist. Dementsprechend breit ist die Thematik ausgelegt, wobei die Signalübertragung und die optimale Technik die Ausgangspunkte bilden. Diese Dinge greifen ineinander und führen nur gemeinsam zu den sicherlich erwarteten DX-Erfolgen.

Der erste Teil des Buches befaßt sich vor allem mit den vielseitigen Arten der UKW-Übertragung. Da geht es um quasioptischen Verkehr innerhalb des Funkhorizonts über Troposphären- und Ionosphären-DX bis hin zu Satelliten- und Erde-Mond-Erde-QSOs. Es ist geschildert, welche Bänder für die verschiedenen Verkehrsarten geeignet sind, wie einfach oder auch aufwendig die Station dafür ausgelegt sein muß und zu welchen Zeiten sich die besten Erfolgschancen bieten.

Der zweite Teil behandelt die Technik der Sender, Empfänger und Antennen. Es geht um die optimalen Gerätekonzepte für die verschiedenen Verkehrsarten, die Schaltungstechnik verschiedener hochmoderner Industriegeräte ist vorgestellt, Selbstbau-Schaltungen sind - mit zum Teil minuziösen Konstruktionshinweisen - angeboten, und auch die Antennen und ihre Einsatzmöglichkeiten kommen zur Sprache. Dazu einiges darüber, was Senderleistung tatsächlich wert ist und wie es mit der Empfindlichkeit von Empfängern in der Praxis aussieht; hierüber herrscht offenbar noch vielfach Unklarheit.

So möchte dieses Buch den Newcomern Arbeitsunterlagen und den versierten OM Anregungen zu noch mehr Erfolg vermitteln; kompakt verpackt.

Der Verfasser dankt den zahlreichen Personen und Firmen, die mit wertvollen Hinweisen, Anregungen und technischen Unterlagen zum Entstehen dieses Buches beigetragen haben.

Hannover　　　　Gerhard E. Gerzelka

Wichtiger Hinweis

Die in diesem Buch wiedergegebenen Schaltungen und Verfahren werden ohne Rücksicht auf die Patentlage mitgeteilt. Sie sind ausschließlich für Amateur- und Lehrzwecke bestimmt und dürfen nicht gewerblich genutzt werden*).

Alle Schaltungen und technischen Angaben in diesem Buch wurden vom Autor mit größter Sorgfalt erarbeitet bzw. zusammengestellt und unter Einschaltung wirksamer Kontrollmaßnahmen reproduziert. Trotzdem sind Fehler nicht ganz auszuschließen. Der Verlag sieht sich deshalb gezwungen, darauf hinzuweisen, daß er weder eine Garantie noch die juristische Verantwortung oder irgendwelche Haftung für Folgen, die auf fehlerhafte Angaben zurückgehen, übernehmen kann. Für die Mitteilung eventueller Fehler sind Autor und Verlag jederzeit dankbar.

---

*) Bei gewerblicher Nutzung ist vorher die Genehmigung des möglichen Lizenzinhabers einzuholen.

Inhalt

Abkürzungen

AGC	**A**utomatic **G**ain **C**ontrol = automatische Verstärkungsregelung
AMSAT	Radio **AM**ateur **SAT**ellite Corporaton (international)
ARRL	**A**merican **R**adio **R**elay **L**eague = amerikanischer Amateurfunk-Verband
ATV	**A**mateur **T**ele**V**ision = Amateurfunk-Fernsehen
BFO	**B**eat **F**requency **O**scillator = Zf-Oszillator zum Empfang von SSB und CW
CW	**C**ode **W**ork = Morse-Telegrafie
DX	Große Entfernung im Funkverkehr
EME	**E**rde-**M**ond-**E**rde
FAX	Faksimile (Bildfunk)
IARU	**I**nternationale **A**mateur **R**adio **U**nion (England)
OSB	**O**beres **S**eiten**B**and
OSCAR	**O**rbiting **S**atellite **C**arrying **A**mateur **R**adio = Erdsatellit für den Amateurfunk
PA	**P**ower **A**mplifier = Leistungsverstärker (in Sendern)
PEP	**P**eak **E**nvelope **P**ower = Hüllkurven-Spitzenleistung (bei Einseitenband-Sendern)
PLL	**P**hase **L**ocked **L**oop = Schaltung für Phasenvergleich und Frequenz-Klammerung (in Synthese-Steuersendern)
PTT	**P**ush **T**o **T**alk = „Drücke für Sprechen!“; PTT-Taste = Sprechtaste am Mikrofon
RIT	**R**eceiver **I**ncremental **T**uning = in Transceivern die Feinverstimmung der Empfangsfrequenz gegenüber der Sendefrequenz
RTTY	**R**adio **T**ele**TY**pe = Funkfernschreiben
RX	Empfänger
SSB	**S**ingle **S**ide**B**and = Einseitenband (-Technik)
SSTV	**S**low **S**can **T**ele**V**ision = Fernsehen mit langsamer Abtastung und Wiedergabe des Bildes
TK	**T**emperatur-**K**oeffizient
TRCV	Transceiver = kombinierte Sender/Empfänger-Schaltung

TX	Sender
UHF	**U**ltra **H**igh **F**requency = ultrahohe Frequenzen (300 . . . 3000 MHz)
USB	**U**nteres **S**eiten**B**and
VCO	**V**oltage **C**ontrolled **O**scillator = Oszillator mit spannungsgesteuerter Frequenzabstimmung
VFO	**V**ariable **F**requency **O**scillator = stetig durchstimmbarer Oszillator
VHF	**V**ery **H**igh **F**requency = sehr hohe Frequenzen (30 . . . 300 MHz)
VXO	**V**ariable **X**-tal-**O**scillator = in gewissen Grenzen abstimmbarer Quarzoszillator

1 UKW-Übertragung

1.1 Betriebsarten

UKW-QSOs kann man mittels Taste, Mikrofon, Fernschreiber oder „illustriert“ als Fernsehen oder Bildfunk fahren, ganz wie die Interessen liegen - und es der Amateurkasse bekommt. Diese Freizügigkeit hat jedoch eine enge Grenze, nämlich den Funkhorizont, an dem das DX beginnt und über den mit den breitbandigen Modulationsarten nur schwerlich hinaus zu gelangen ist. *Abb. 1* zeigt eine Übersicht der im UKW-Amateurfunk gebräuchlichen Betriebsarten und ihrer Einsatzmöglichkeiten.

Abb. 1. Übersicht der wichtigsten im UKW-Amateurfunk verwendeten Betriebsarten und ihrer Anwendung

Betriebsart		Anwendung
A1	Telegrafie; Ein-/Aus-Tastung der Sendeleistung	alle UKW-Bänder
A3j	SSB-Telefonie mit unterdrücktem Träger, Fernschreiben	alle UKW-Bänder; RTTY hauptsächlich auf KW
A4	Bildfunk	alle UKW-Bänder
A5	Fernsehen	SSTV alle UKW-Bänder, ATV ab 70-cm-Band
F1	Telegrafie, Fernschreiben; Frequenzumtastung	alle UKW-Bänder; hauptsächlich DX
F2	Telegrafie, Fernschreiben; tonmoduliert	alle UKW-Bänder; hauptsächlich Bezirksverkehr
F3	Telefonie	alle UKW-Bänder
F4	Bildfunk	alle UKW-Bänder
F5	Fernsehen	SSTV alle UKW-Bänder, ATV ab 70-cm-Band

A = Amplitudenmodulation, F = Frequenzmodulation

Abb. 2. International benutzter RTTY-Übertragungsmodus für UKW

Zeichen	Betriebsart		
	F 1	F 2	SSB
Mark	= TX-Frequenz	2125 Hz	2125 Hz
Space	TX-Frequenz minus 850 Hz	1275 Hz	1275 Hz

Die Zeichenfrequenzen haben immer 850 Hz Abstand. Bei F 2 darf der Frequenzhub 12 kHz nicht überschreiten

1.1.1 Telegrafie

Mit Abstand am wirksamsten ist CW, und wenn CW-Verbindungen nicht klappen wollen, sind Versuche mit anderen Betriebsarten immer zwecklos (!). CW ist der beste Weg zum DX.

Die verhältnismäßig einfache Schaltungstechnik ausschließlich für CW ausgelegter Sender schont die Amateurkasse. Dem steht allerdings die Forderung nach sehr hoher Frequenzstabilität der TX- und RX-Oszillatoren gegenüber, wenn die Empfängerbandbreite mit ≦ 500 Hz optimal bemessen ist; was nicht unbedingt mit hohen Kosten verbunden sein muß.

Technologisch zur Telegrafie zählt auch RTTY. Die Übertragungsbandbreite fällt aber gegenüber CW etwas größer aus, was gewisse Einbußen an Reichweite und Störsicherheit mit sich bringt. Die Daten der beiden international gebräuchlichen Übertragungssysteme sind in *Abb. 2* zusammengestellt.

Nachteile des RTTY sind der Aufwand für die recht teure Fernschreibmaschine und die Lärmentwicklung der mechanischen Drucker; es gibt auch fast lautlos arbeitende Maschinen, aber die gehören zum Allerneuesten und sind dementsprechend teuer.

Daß man sich mittels RTTY auch künstlerisch betätigen kann, zeigt *Abb. 3* mit einer „elektronisch komponierten" Winterlandschaft.

1.1.2 Telefonie

Größter Beliebtheit erfreut sich seit jeher der Sprechfunk mit seiner durch das Gespräch vermittelten persönlichen Note.

3 RTTY-Kunst: Winterlandschaft eines unbekannten OM, empfangen von WA 6 PIR

Außerdem fällt das für viele OM recht mühsame Erlernen des Morsens weg; in vielen Ländern - so auch bei uns - gibt es UKW-Lizenzen, die ohne Morsekenntnisse erworben werden können.

DX-Interessenten ist die SSB-Telefonie mit der geringen Übertragungs-Bandbreite von 2 . . . 2,5 kHz zu empfehlen. SSB stellt aber noch höhere Anforderungen an die Frequenzstabilität als CW.

FM-Telefonie mit 10 . . . 15 kHz Bandbreite verspricht keine ausgefallenen DX-Erfolge, als Gegengewicht schlagen aber die recht einfache Schaltungstechnik und mäßige Ansprüche an die Frequenzstabilität zu Buche.

Beim Sprechverkehr sollte man den Modulationsfrequenzbereich auf das unbedingt notwendige Maß von etwa 300 . . . 2500 Hz beschneiden, denn dadurch gewinnt das Signal ungemein an Durchschlagskraft. Clippt man dann noch die Spitzen der Modulation, so ist das Optimum der Übertragungssicherheit erreicht.

1.1.3 Fernsehen und Bildfunk

Die gebräuchlichste Art des Amateur-Fernsehens ist SSTV, ein Schmalbandsystem, das mittels SSB gefahren wird. Die Übertragung eines jeden Bildes dauert etwa 8 s, und das führt bei DX mit unstabilen Ausbreitungsverhältnissen leicht zu Bildstörungen. *Abb. 4* gibt eine Übersicht der international einheitlichen Betriebsdaten.

Der Geräteaufwand ist sender- wie empfängerseitig recht hoch. Handelsübliche Fernsehempfänger lassen sich weder original verwenden noch entsprechend umbauen.

Ein anderes System ist ATV, das in seinen Betriebseigenschaften dem Unterhaltungs-Fernsehen gleicht. Für hinreichende Bildqualität sind mindestens 2,5 MHz Übertragungs-Bandbreite erforderlich, und deshalb ist ATV auch nur auf den Bändern 70 cm und höher zugelassen. Die DX-Möglichkeiten fallen sehr schlecht aus.

ATV-Sendungen kann man (über einen Bandkonverter) mit handelsüblichen Fernsehempfängern aufnehmen, wenn die Signale nach der entsprechenden Norm aufbereitet sind (was nicht immer der Fall ist). Dieser Vorteil tritt aber gegenüber dem hohen senderseitigen Aufwand weit in den Schatten.

Abb. 4. Einheitliche Betriebsdaten der SSTV-Stationen

Modus	Länder mit 50-Hz-Netz	Länder mit 60-Hz-Netz
Zeilenzahl	120	
Zeilen/s	16 2/3 (50 Hz/3)	15 (60 Hz/4)
Übertragungszeit je Bild	7,2 s	8 s
Schreibart:		
horizontal	von rechts nach links	
vertikal	von oben nach unten	
Seitenverhältnis	1 : 1	
Synchronimpuls:		
horizontal	5 ms	
vertikal	30 ms	
Hilfsträger:		
Synchronis.	1200 Hz	
Schwarzwert	1500 Hz	
Weißwert	2300 Hz	
Übertragungsbandbreite	1 . . . 2,5 kHz	

FAX ist ein Verfahren zur Übertragung von Schriftstücken, Karten, Bildern und anderer „stehender" Abbildungen als Faksimiles. Der im Amateurfunk nicht einheitliche Betriebsmodus mit bis zu 20 kHz Übertragungs-Bandbreite und einigen Minuten Übermittlungsdauer je Bild ist wenig DX-freundlich.

Große Nachteile des FAX sind der recht hohe beiderseitige Geräteaufwand und die mit der Beschaffung der Ausrüstung häufig verbundenen Schwierigkeiten.

Mittels FAX werden die Bilder verschiedener Wettersatelliten übertragen, was für DX-Freunde interessant ist (siehe 1.4.1 und 1.5.3). Die Satellitenfrequenzen liegen vielfach im Bereich 136 . . . 138 MHz, sind also dem 2-m-Band benachbart. Die Betriebsdaten dieser Dienste kann man von den nationalen meteorologischen Instituten erfahren.

1.2 Einiges über die Bänder

Es ist eine alte Erfahrungstatsache, daß Ultrakurzwellen am nahen quasioptischen Horizont ihres Ausgangspunkts nicht Halt machen, sondern unter dem Einfluß bestimmter atmosphärischer Verhältnisse häufig sehr viel größere Entfernungen überbrücken. Ebenfalls nicht ganz neu ist, daß man mit Hilfe aktiver Satelliten-Relais oder Signalreflektionen an der Mondoberfläche mit Stationen weit jenseits des eigenen Funkhorizonts verkehren kann. Das alles verschafft ausgezeichnete DX-Möglichkeiten, wenngleich der technische Aufwand für manche Verkehrsarten wesentlich höher angesetzt werden muß, als man es vielleicht von den „klassischen" Kurzwellen her kennt. Dafür bieten die UKW-Amateurbänder weiten Frequenzraum, und Störungen durch andere Stationen - des Kurzwellen-OM tägliches Brot - sind dementsprechend selten.

Eine Übersicht der UKW-Bänder 6 m . . . 9 cm in maßstabgerechter Darstellung der zugelassenen Frequenzbandbreiten

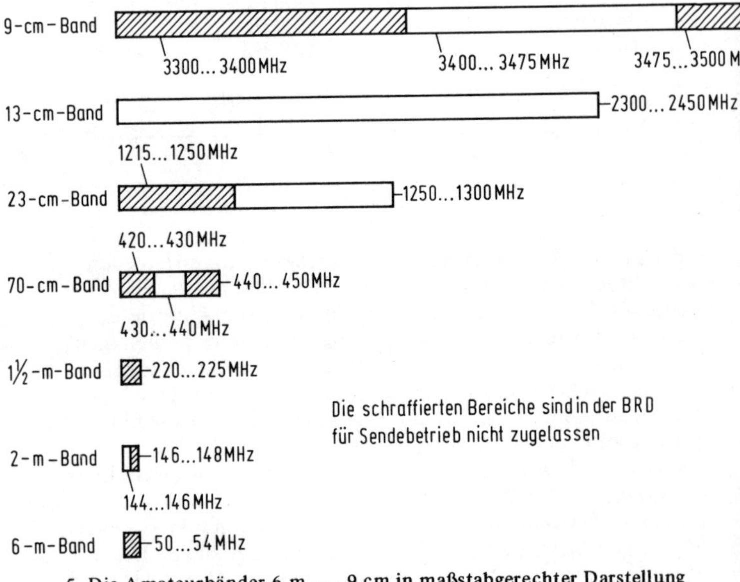

5 Die Amateurbänder 6 m . . . 9 cm in maßstabgerechter Darstellung der Frequenzbandbreiten

gibt *Abb. 5.* Anhaltspunkte über die DX-tauglichen Übertragungs- und Betriebsarten auf den Bändern 6 m . . . 70 cm mit einem Überblick der notwendigen technischen Voraussetzungen bietet *Abb. 6.*

1.2.1 Das 6-m-Band

Das Band hat zeitweise vieles mit den Kurzwellen gemeinsam. Mit Hilfe der Es-Schicht konnten QSOs über mehr als 4000 km gefahren werden, während die F_2-Schicht sogar weltweite Verbindungen zustande gebracht hat, darunter eine zwischen JA 6 FR in Japan und LU 3 EX in Argentinien über etwa 19000 km (1956). Für beide Übertragungswege genügen schon geringe TX-Leistungen.

Ebenfalls mit geringen Senderleistungen kann Tropo-DX gefahren werden; die höheren Bänder sind dafür aber besser geeignet.

Aurora- und Meteorscatter-DX ist über Entfernungen bis etwa 2000 km möglich, beide Übertragungswege lassen sich aber nur mit recht aufwendigen Stationen gangbar machen.

EME-Kontakte konnten mit extremem Aufwand hergestellt werden, zu QSOs ist es aber bislang anscheinend noch nicht gekommen.

Das in Europa senderseitig nicht zugelassene Band lohnt Empfangsversuche.

1.2.2 Das 2-m-Band

Das Band eignet sich ganz ausgezeichnet für Tropo-DX, wobei auch ganz einfache Stationen gute Chancen haben. Reichweiten von 1000 km gehören keinesfalls zu den Seltenheiten, wohl aber der mit Abstand stehende und mit sehr großem Aufwand erzielte Rekord über rund 4000 km zwischen W 6 NLZ in Kalifornien und KH 6 UK auf Hawaii (1957).

Für Aurora- und Meteorscatter-DX herrschen etwa die gleichen Verhältnisse wie im 6-m-Band, es sind aber etwas größere Sendeleistungen notwendig.

E_s-Schicht-Übertragung kommt nur sehr selten vor, es genügt dann aber schon eine einfache Station. Verkehr über die F_2-Schicht konnte bislang noch nicht nachgewiesen werden; die Frequenzen sind dafür wahrscheinlich schon zu hoch.

Abb. 6. DX-Übersicht für die Amateurbänder 6 m . . . 70 cm

Band	Übertragung	Betriebsart	Verhältnisse
6 m	Tropo	CW, SSB, FM	Oftmals schon mit kleinen TX-Leistungen große Reichweiten
	E_s-Schicht	CW, SSB	≧5 W für Reichweiten ≦2000 km
	F_2-Schicht	CW, SSB	≧50 W für ≦20000 km Reichweite
	Aurora	CW, SSB	≦1600 km Reichweite mit ≧100 W
	Meteor-scatter	CW, SSB	≦2000 km Reichweite mit ≧0,5 kW
	EME	CW, SSB	≧0,5 kW, sehr guter RX, Antennengewinn jeweils ≧17 dB für CW
2 m	Tropo	CW, SSB, FM	Günstiger als im 6-m-Band
	E_s-Schicht	CW, SSB	Sehr selten, sonst wie im 6-m-Band
	Aurora	CW, SSB	Wie im 6-m-Band, aber etwas mehr TX-Leistung
	Meteor-scatter	CW, SSB	Wie im 6-m-Band, aber fast nur CW möglich
	EME	CW, SSB	Wie im 6-m-Band, aber jeweils ≧22 dB Antennengewinn für CW
1 1/2 m	Tropo	CW, SSB, FM	Sehr gut, aber höhere TX-Leistung als in den unteren Bändern
	Aurora	CW, SSB	Wie im 2-m-Band, aber etwas mehr TX-Leistung
	Meteor-scatter	CW, SSB	Wie im 2-m-Band
	EME	CW, SSB	Wie im 6-m-Band, aber jeweils ≧24 dB Antennengewinn für CW

70 cm	Tropo	CW, SSB, FM	Sehr gut, aber höhere TX-Leistung als im 1 1/2-m-Band
	Aurora	CW, SSB	≧0,5 kW, sonst wie in den anderen Bändern
	EME	CW, SSB	Wie im 6-m-Band, aber jeweils ≧26 dB Antennengewinn für CW

Soweit nicht anders angegeben, beiderseits 10 dB Antennengewinn zur Verbesserung von Leistungsbilanz und Störsicherheit

Das Band ist gegenwärtig Träger fast aller Satelliten-QSOs; zur Zeit dient OSCAR 7 als Vermittler.

EME-Verbindungen erfordern sehr großen Aufwand. Das Band hält den EME-Reichweiterekord im Amateurfunk mit rund 18000 km terrestischer Entfernung zwischen SM 7 BAE in Schweden und ZL 1 AZR in Neuseeland (1969).

1.2.3 Das 1 1/2-m-Band

Es zeigen sich viel Gemeinsamkeiten mit dem 2-m-Band, nur E_s-Schicht- und F_2-Schicht-Übertragung ist auf diesen Frequenzen mit Sicherheit nicht mehr möglich.

Die Tropo-DX-Verhältnisse sind sehr gut; den Rekord halten auch hier W 6 NLZ und KH 6 UK mit einem QSO zwischen Kalifornien und Hawaii (1959).

Auf dem EME-Weg stellt ein QSO zwischen WB 6 NMT und K 2 CBA über etwa 4250 km terrestischer Entfernung den Rekord dar (1970).

Das senderseitig nur in der Region 2 zugelassene Band lohnt EME-Empfangsversuche.

1.2.4 Das 70-cm-Band

Hier bieten sich ausgezeichnete Tropo-DX-Verhältnisse, die jedoch etwas höhere Sendeleistungen als die unteren Bänder erfordern. Das Tropo-Rekord-QSO über fast 2000 km Entfernung halten W Ø DRL und K 1 PXE (1971), und zwischen Kalifornien und Hawaii konnten die bekannten W 6 NLZ und KH 6 UK eine einseitige 4000-km-Verbindung herstellen.

Aurora-QSOs sind über Entfernungen bis zu 2250 km gefahren worden, allerdings mit großem Stationsaufwand.

Für den Verkehr über Satelliten hat sich das Band in mancher Beziehung vorteilhafter als der 2-m-Bereich erwiesen. Auf 2 m arbeiten aber weitaus mehr Stationen, und so ist man auf 70 cm mehr „unter sich".

Gute Voraussetzungen bei allerdings hohem technischen Aufwand bietet der EME-Verkehr. Hier liegt die Rekordreichweite anscheinend (nicht alle Rekorde werden sofort oder überhaupt bekannt) bei 9225 km terrestisch zwischen G 3 LTF und WA 6 LET (1965).

1.2.5 Die höheren Bänder

Ab 1250 MHz geht es weiter, und dort sind die Tummelplätze für Spezialisten. Dafür sorgt die recht „unkonventionelle" Schaltungstechnik, die in manchen Fällen sogar Klystronsender und Topfkreise verlangt; ein sehr teurer Spaß. Mit den handelsüblichen Bauteilen allein läßt sich kein Selbstbau bewerkstelligen, und fertige Geräte oder Bausätze fehlen auf dem Amateurmarkt fast gänzlich. Dementsprechend einsam ist man „dort oben".

Es zeigen sich gute bis sehr gute Tropo-DX-Möglichkeiten, die Reichweiten nehmen aber mit zunehmender Frequenz immer mehr ab; oder die TX-Leistung muß erhöht werden, was aber auch ohne Amateurfunk-Vorschriften eine Grenze hat. Rekorde sind im 23-cm-Band 640 km zwischen W 6 DQJ und K 6 AXN (1959!), im 13-cm-Band 400 km zwischen W 4 HHK und WA 4 HGN (1970) und im 9-cm-Band 345 km zwischen W 6 IFE und K 6 HIJ (1970).

Die einzige weiterreichende Verkehrsmöglichkeit bietet der EME-Weg. Bekanntgeworden sind Verbindungen im 23-cm- und 13-cm-Band, darunter die Rekord-QSOs zwischen G 3 LTF und WB 6 IOM über 8840 km terrestisch auf 23 cm (1969) und zwischen W 3 GKP und W 4 HHK über 1350 km terrestisch auf 13 cm (1970).

1.3 Quasioptischer Verkehr

Die Grenzlinie für sichere UKW-Funkverbindungen ist auf allen Bändern der quasioptische Horizont. Er verläuft in nur etwa 20 Prozent größerer Entfernung als der optische Horizont, wie man ihn vom Antennenstandort bei guter Sicht mit den Augen wahrnimmt. Die quasioptischen Reichweiten sind also geringer als häufig angenommen wird, und wenn trotzdem oftmals erheblich größere Entfernungen überbrückt werden, so handelt es sich eindeutig um DX-Verbindungen mit ihren typischen Ausbreitungsverhältnissen und -erscheinungen, wie zum Beispiel Schwund und Echoeffekte (Saalakustik).

Die Entfernung des quasioptischen Horizonts in Abhängigkeit von der Antennenhöhe zeigt *Abb. 7,* wobei zur Bedingung

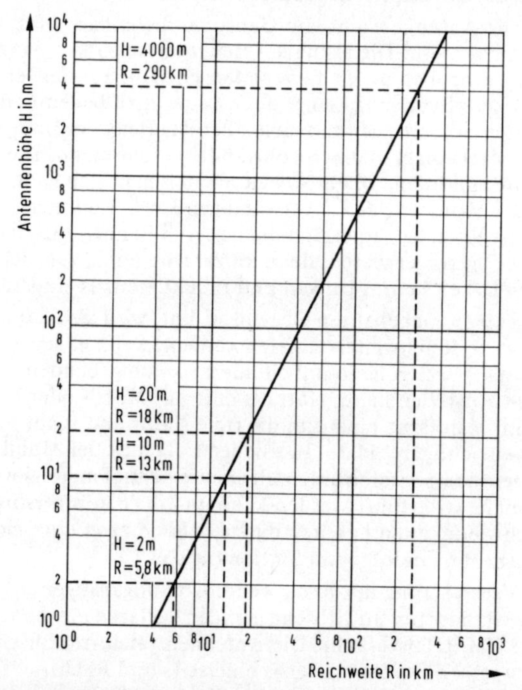

7 Die quasioptische Funkreichweite in Abhängigkeit von der Antennenhöhe

steht, daß das Umland flach ist (natürliche Wölbung der Erdoberfläche). Danach beträgt die Funkreichweite bei 10 m Antennenhöhe ganze 13 km, und wenn man die Antenne auf einen 4000 m hohen Berg setzt, so vergrößert sie sich auf rund 290 km. Besonders schlecht sieht es beim Kfz-Betrieb aus: eine 2 m hohe Dachantenne sieht ihren Horizont in nur 5,8 km Entfernung.

Diese Reichweiten erhöhen sich um die Horizontentfernung der Partnerantenne, und in diesem Sinne muß Abb. 7 ausgewertet werden. Arbeitet zum Beispiel eine Kfz-Station mit 2 m Antennenhöhe mit einem Partner, dessen Antenne auf einem vierstöckigen Haus in etwa 20 m Höhe steht, so können beide bis zu 5,8 + 18,5 = 24,3 km voneinander entfernt sein, ohne daß der quasioptische Kontakt abreißt.

Wenn die Antennensicht von Gebäuden behindert wird, gilt das alles nicht mehr. Die aktuellen Reichweiten sinken dann leicht ganz erheblich unter die rechnerische Horizontentfernung. Lockere Bebauung bringt noch keine allzu bedeutenden Reichweitenminderungen mit sich, aber das Häusergedränge in Großstädten wirkt vielfach vollständig abschirmend. Die Reichweite sinkt dann leicht soweit ab, daß man sich auch mit Rufen oder Handzeichen (!) verständigen kann. Im innerstädtischen Verkehr haben sich die höheren Bänder vorteilhafter als die niedrigeren erwiesen, denn kürzere Wellen lassen sich besser um Ecken herum beugen und reflektieren als längere.

Wer in einer engbebauten Gegend wohnt, wird also kaum nennenswerte Reichweiten erzielen können, wenn er seine Antenne nicht weitgehend unbehindert von umgebenden Gebäuden aufstellen kann. Notfalls hilft nur Mobil- oder Portabelbetrieb: Man fährt hinaus in die freie Natur und sucht sich einen „weitsichtigen" Platz. In solchen Fällen ist der Mobilbetrieb besonders interessant, weil auch eine umfangreiche Anlage leicht mitgeführt werden kann und die Stromversorgung kaum Schwierigkeiten bereiten dürfte; *Abb. 8* zeigt ein „mobiles Einsatzkommando" beim Stationsaufbau.

Eine Verbesserung der Reichweiten von ungünstigen Antennenstandorten und abschirmenden Tallagen aus bietet der bekannte FM-Relaisverkehr. Die Antennenstandorte sollten jedoch zwischen Station 1/Relais einerseits und Relais/Station 2 andererseits quasioptische Sichtverhältnisse gewährleisten. Auf diese Weise können auch mit ganz einfachen

8 Ein „mobiles Einsatzkommando" beim Stationsaufbau (Foto: Wisi)

Geräten beachtliche Reichweiten erzielt werden, ohne daß DX-Voraussetzungen herrschen müssen. Zu beachten ist jedoch, daß die Relais fast ausschließlich nichtlinear arbeiten und dann nur FM und CW verzerrungsfrei übertragen können.

1.4 Troposphären-DX

Bei den weitaus meisten UKW-DX-Verbindungen spielt die Troposphäre die Vermittlerrolle. Diese unterste Schicht der Erdatmosphäre reicht in unseren geografischen Breiten bis in etwa 11 km Höhe (äquatorwärts etwas höher, zu den Polen hin nicht ganz so hoch), und in ihr spielt sich das ganze für uns sichtbare Wettergeschehen ab.

Sind die troposphärischen Luftmassen gut durchmischt, nehmen Temperatur und relative Luftfeuchte mit zunehmender Höhe ziemlich gleichmäßig ab, wie es *Abb. 9* in *a* zeigt. Unter diesen Verhältnissen reichen Ultrakurzwellen nur bis zum quasioptischen Horizont ihres Ausgangsortes, und kommen trotzdem größere Reichweiten zustande, so ist die Troposphäre daran unbeteiligt.

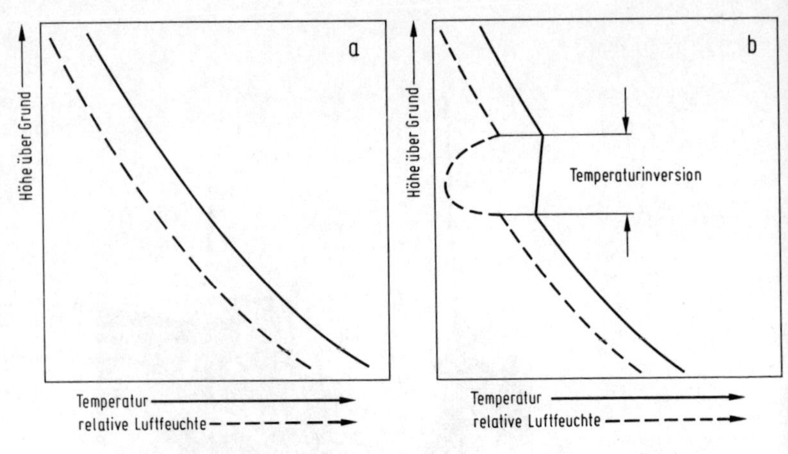

9 Gang von Temperatur und Luftfeuchte mit der Höhe: in a bei gut durchmischter Troposphäre, in b bei einer Temperaturinversion im mittleren Höhenbereich

In Teil *b* der Abbildung erkennt man in mittleren Höhen eine Störung des Temperatur- und Feuchteganges: Im betroffenen Bereich ist die Temperatur ziemlich gleichmäßig, während die Feuchte stark verminderte Werte zeigt. Diese Lage stellt sich ein, wenn leichte Warmluft über schwerer Kaltluft lagert, und der gestörte Bereich kennzeichnet die Berührungs- oder Grenzschicht der beiden unterschiedlich temperierten Luftmassen. Das Ganze nennt man Temperatur-Inversion.

1.4.1 Troposphärische Signalbeugung

Gelangen UKW-Signale von unten her in flachem Winkel auf diese Grenzschicht, so werden sie von ihr nach den Gesetzen der Optik zur Erdoberfläche zurückgebeugt. Die von der Schichthöhe abhängige maximale Sprungreichweite der Signale (oder umgekehrt die Höhe der Schicht) kann man anhand Abb. 7 abschätzen.

Bei sehr großflächigen Inversionen kann es zur Mehrfachbeugung beziehungsweise -reflektion an der Grenzschicht einerseits und der Erdoberfläche andererseits kommen. Das Signal verläuft dann in einem *Duct* (engl.: Kanal, Schlauch) zickzackförmig hin und her und wird wie in einem riesigen Hohlleiter übertragen. Duct-DX stellt allerdings zur Bedingung, daß zwischen Grenzschicht und Erdoberfläche ein Abstand vom mindestens Fünfzigfachen der Betriebswellenlänge besteht; zum Beispiel 100 m für 2-m-Signale. Unter dieser Voraussetzung können sehr große Entfernungen überbrückt werden: 1000 km sind keine Seltenheit, 2000 km sind mehrmals überschritten worden und den Rekord halten die schon angeführten 4000-km-Verbindungen zwischen Kalifornien und Hawaii im 2-m-, 1 1/2-m- und 70-cm-Band.

Für einmalige Signalbeugung an der Grenzschicht reichen erfahrungsgemäß häufig schon die geringen TX-Leistungen von Handfunkgeräten in Verbindung mit leicht bündelnden Antennen aus; die Reichweiten betragen dabei bis zu 400 km mit guten Rapporten. Dagegen ist das vielfache Hinundher des Langstreckensignals im Duct sehr leistungszehrend und bedarf dementsprechend hoher bis sehr hoher TX-Leistungen und stark bündelnder Antennen.

Temperatur-Inversionen finden sich vor allem in den Herbstmonaten zu den Zeiten des Sonnenauf- und untergangs über dem Meer, größeren Seen und Flachland. Dem wachsamen OM bieten sich aber auch zu den übrigen Jahreszeiten allerorts und rund um die Uhr zahlreiche Chancen. Um aber nicht Zeit mit von vornherein zwecklosen Versuchen zu vergeuden, sollte man beachten, daß sich Inversionen nur bei einigermaßen ruhigem Wettergeschehen ausbilden können. Weht dagegen ein kräftiger Wind, so fällt die Schichtung der Luft zu diffus aus und entwickelt keine merklichen Beugungseigenschaften. Inversionsfreundlich sind Hochdruckgebiete, die zumeist und vor allem in ihrem Zentrum nur geringe Windstärken aufweisen und oft auch hinreichend großflächig zur Bildung eines Ducts ausfallen. Als Beispiel zeigt *Abb. 10* eine Wetterkarte mit günstigen Hochdrucklagen bei geringen Windstärken über Mitteleuropa, zwischen Großbritannien und den Azoren und über dem mittleren Nordatlantik; alle anderen Gebiete der Karte bieten an diesem Tage nur unzureichende oder garkeine Tropo-Möglichkeiten.

Auch vor der Warmfront eines Tiefdruckgebiets kann sich eine Grenzschicht bilden, wie es *Abb. 11* mit einem Schnitt

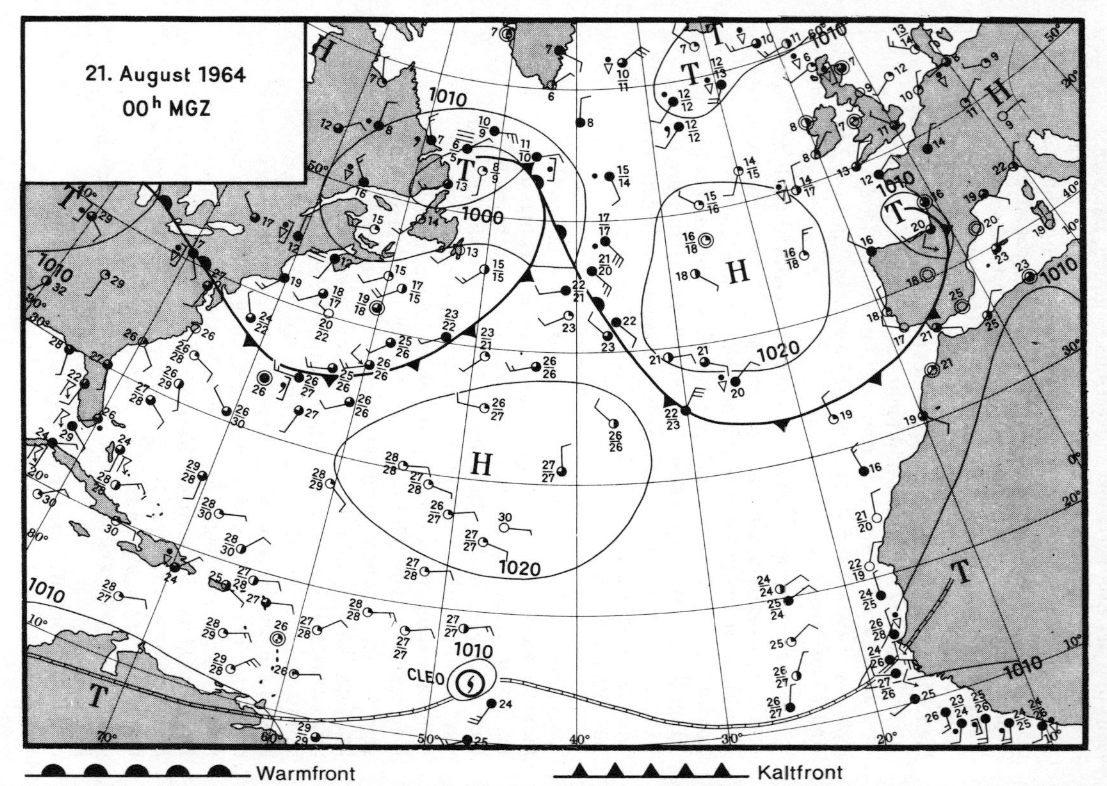
21. August 1964
00h MGZ
CLEO
Warmfront
Kaltfront

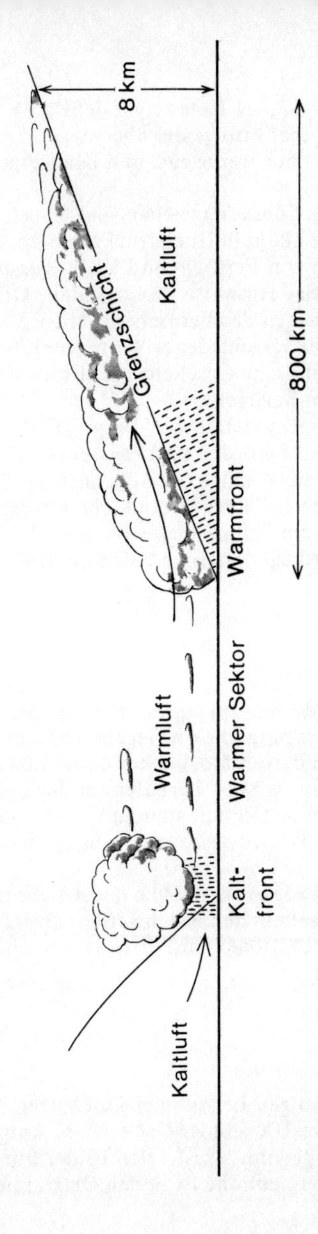

11 Schnitt durch die Fronten eines Tiefs mit einer Temperaturinversion an der Warmfront

durch die Fronten eines Tiefs zeigt (siehe Abb. 10). Dabei prägt sich die Schicht aber infolge des überwiegend recht turbulenten Tiefdruckwetters nur wenig aus, und Duct-Eigenschaften sind äußerst selten.

Aktuelle Inversionskennzeichen sind Nebel, Smog und Höhendunst, vor allem in Hochdruckgebieten. Ebenso liefern Überreichweiten von Fernseh- und UKW-Rundfunksendern ziemlich eindeutige Hinweise. Hochaktuelle Orientierungshilfen sind die Wetterkarten des Fernsehens. Mit FAX ausgerüstete OM können die Bilder verschiedener Wettersatelliten aufnehmen, die das troposphärische Geschehen als Fotos darstellen; *Abb. 12* zeigt ein Beispiel.

Wer die ungemein vielfältigen Tropo-DX-Möglichkeiten - die hier nur angedeutet worden sind - systematisch nutzen möchte, sollte unbedingt über einige Grundkenntnisse der Meteorologie verfügen, über die es leichtverständliche Literatur gibt; im Literaturverzeichnis am Schluß dieses Buches sind einige Titel angeführt. Für Rekordjäger empfiehlt sich die Hilfe eines (Amateur-) Meteorologen.

1.4.2 Troposcatter

Hierbei handelt es sich um eine andere Art der troposphärischen DX-Übertragung, die im Gegensatz zu den im vorigen Abschnitt geschilderten Möglichkeiten ständig gangbar ist. Beim Troposcatter wirken Turbulenzen der Luft an der oberen Grenze der Troposphäre mit ständig kommenden und wieder vergehenden Miniaturinversionen als Beugungsebenen für die Signale.

Bei der durchweg großen Höhe der Beugungsschicht kommt es zu ansehnlichen Reichweiten, die sich aber nur mit leistungsstarken Stationen ausfahren lassen; ein Nachteil aller Scatterverfahren.

1.4.3 Leistungsbilanz

Über die notwendigen Leistungseigenschaften der Station beim Duct- und Scatter-DX gibt *Abb. 13* einen Anhalt; der angeführte Antennengewinn betrifft den beider Funkpartner insgesamt. Die Antennenhöhe ist in den Diagrammen nicht berück-

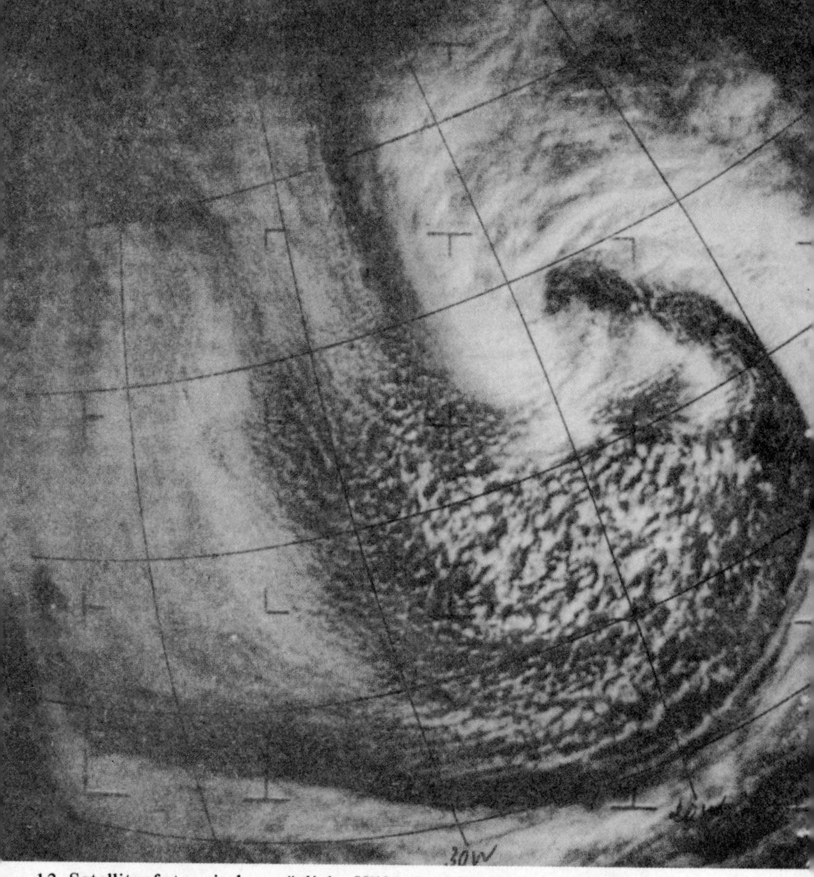

12 Satellitenfotos sind vorzügliche Hilfsmittel für die Tropo-DX-Arbeit; hier ein riesiger Tiefdruckwirbel (Foto: Deutsches Seewetteramt, Hamburg)

sichtigt worden, denn sie hat hier keine entscheidende Bedeutung. Eine Höhe um fünf Wellenlängen hat sich als ausreichend erwiesen, und bei erheblich mehr Höhe kann es passieren, daß sich der Strahler oberhalb der Inversions-Grenzschicht befindet (!), wo er zum Duct hin abgeschirmt ist.

Auch aus den *Abb. 14* und *15* kann man sich eine Übersicht der für Duct- und Scatter-Übertragung erforderlichen TX-Leistung, der Antennengewinne und der RX-Empfindlichkeit verschaffen;

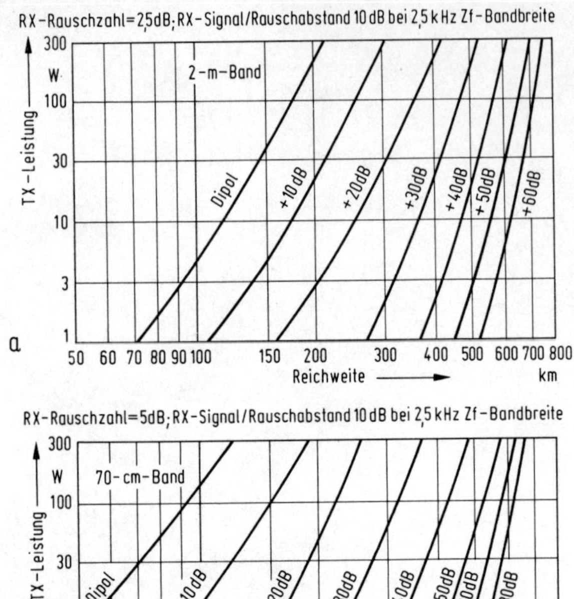

13 Leistungsdiagramme für Duct- und Tropo-Scatter-DX

diese beiden Diagramme berücksichtigen im Gegensatz zu Abb. 13 den Frequenzbereich 20 . . . 3500 MHz durchgehend. Die angeführten Rechenbeispiele erläutern die Arbeitsgänge für 145 MHz Betriebsfrequenz und 500 km vorgesehener Reichweite mit der Frage nach den Empfangsverhältnissen bei 30 W TX-Leistung und 30 dB Antennengewinn für beide Funkpartner insgesamt. Als Betriebsart ist CW mit 500 Hz RX-Zf-Bandbreite gewählt worden.

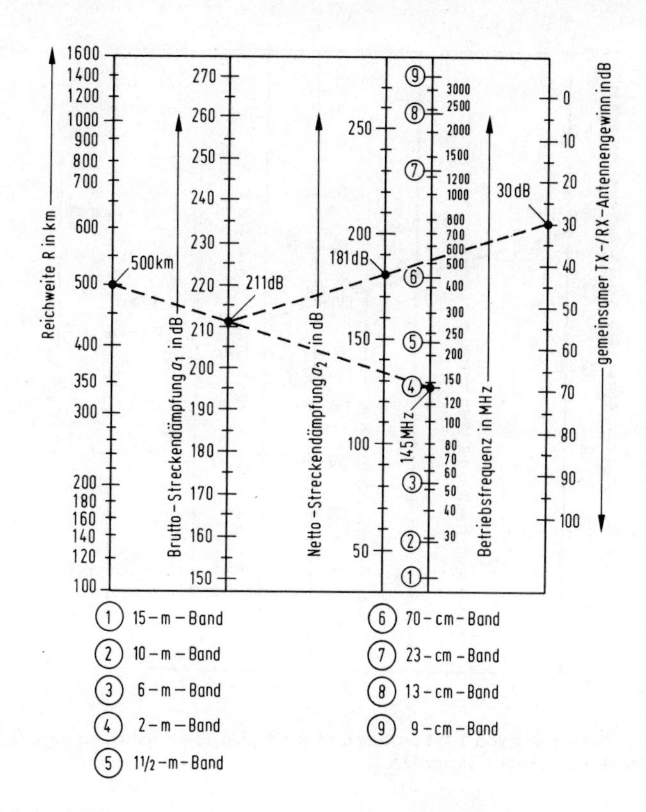

14 Ermittlung der Netto-Streckendämpfung bei Duct- und Tropo-Scatter-DX

Zunächst benutze man Abb. 14: Ziehe eine Gerade zwischen der Betriebsfrequenz 145 MHz auf der zweiten Skala von rechts und 500 km Reichweite auf der linken Skala. Als Zwischenergebnis zeigt sich auf der zweiten Skala von links eine Brutto-Streckendämpfung von 211 dB. Von diesem Wert aus ziehe eine Gerade zur rechten Skala für 30 dB Antennengewinn, woraus sich auf der mittleren Skala eine Netto-Streckendämpfung von 181 dB (das Ergebnis aus Brutto-Streckendämpfung abzüglich Antennengewinn) ergibt.

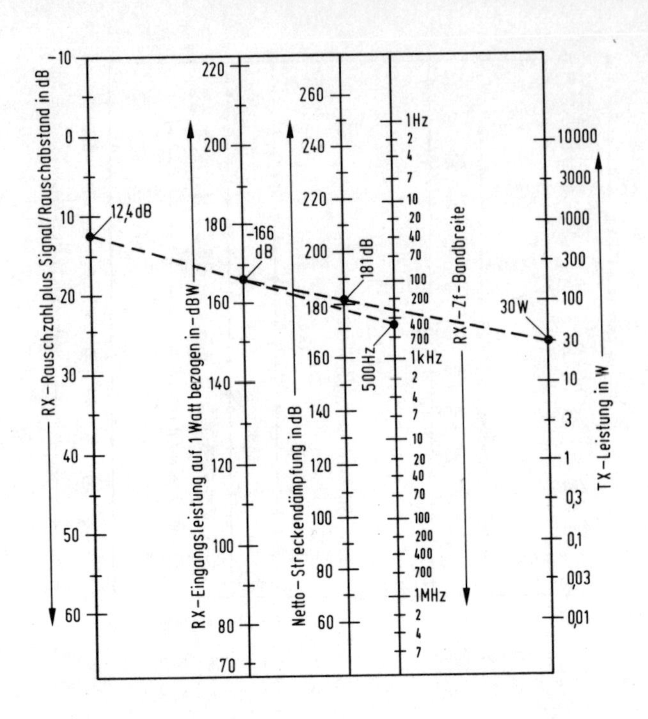

15 Ermittlung von TX-Leistung und RX-Signal/Rauschabstand bei Duct- und Tropo-Scatter-DX

Nun nehme man Abb. 15: Ziehe eine Gerade von der rechten Skala für 30 W TX-Leistung über den Punkt für 181 dB Netto-Streckendämpfung auf der mittleren Skala zur zweiten Skala von links für die RX-Eingangsleistung, die dort mit -166 dBW erscheint. Nun ziehe eine Gerade vom Punkt für 500 Hz RX-Zf-Bandbreite auf der zweiten Skala von rechts über -166 dBW RX-Eingangsleistung zur linken Skala, auf der sich jetzt der Wert 12,4 dB für die RX-Rauschzahl plus Signal/Rauschabstand in dB einstellt.

Setzt man für CW-Betrieb (mindestens) 6 dB Rauschabstand ein, so verbleiben für RX-Rauschzahl, Kabelverluste in der Antennenzuleitung und externes Rauschen (siehe 2.2.4) insgesamt 12,4 - 6 = 6,4 dB. Das ist ein realisierbarer Wert (eine recht gute Anlage vorausgesetzt), und so wird der geforderte Rauschabstand in etwa getroffen.

Anhand der beiden Diagramme kann man leicht nachprüfen, daß die durchgerechnete Verbindung in SSB mit etwa 2,5 kHz Übertragungs-Bandbreite kaum möglich ist, denn dabei entspräche die Empfangsspannung etwa der effektiven Rauschspannung des RX-Systems und es wäre kein Rauschabstand vorhanden.

Die ganze Rechenarbeit zeigt nur die ungefähren Verhältnisse auf - zum Beispiel ist die Streckendämpfung von der Witterung beeinflußt - und kann und soll nur Anhaltspunkte geben; Versuch macht klug!

1.5 Ionosphären-DX

1.5.1 E_s-Schicht-Übertragung

Die E_s-Schicht erstreckt sich in Höhen von 60 . . . 100 km über der Erdoberfläche in der Ionosphäre. Sie vermag niedrige UKW-Frequenzen zu reflektieren, die auf diese Weise sehr große Entfernungen überspringen können. Die dazu notwendigen besonderen Eigenschaften der Schicht sind jedoch nicht immer und überall, sondern nur sporadisch vorhanden, und deshalb nennt man diesen Signalvermittler sporadische E-Schicht, kurz E_s-Schicht.

Die Sprungreichweiten sind von der Schichthöhe und dem vertikalen Strahlungswinkel der korrespondierenden Antennen abhängig und lassen sich anhand *Abb. 16* überschlägig abschätzen. Man beachte die flachen Strahlungswinkel von maximal kaum mehr als 10 Grad, die nicht ganz leicht zu verwirklichen sind, aber nennenswert steilere Winkel bringen keinen Erfolg.

Wie bei der ionosphärischen Ausbreitung der Kurzwellen kann es auch auf UKW zu doppelten Signalsprüngen kommen, wodurch sich die aus dem Diagramm ersichtlichen Reichweiten verdoppeln. Solche Fälle sind jedoch höchst selten.

E_s-Schicht-Reflektionen kann man im 6-m-Band mit einiger Häufigkeit erleben, aber schon im 2-m-Band gehören sie zu den ganz seltenen Ausnahmen, und für noch höhere Frequenzen bieten sich praktisch keine Chancen mehr.

Kontaktversuche haben fast nur in den Monaten Mai . . . Juli, Dezember und Januar Erfolgsaussichten, und man sollte

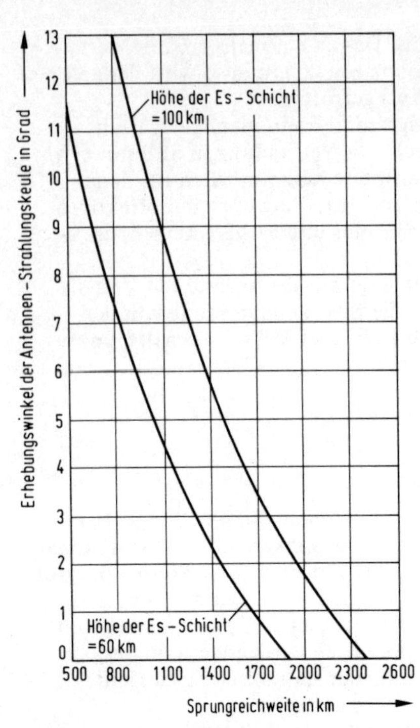

16 Sprungreichweiten bei E_S-Schicht-DX in Abhängigkeit vom vertikalen Antennen-Strahlungswinkel

sich dann auf die späten Vormittags- und die frühen Abendstunden konzentrieren. Findet sich Kurzstrecken-DX (Short Skips) im 10-m-Band, bestehen Chancen für 6-m-Versuche, und Kurzstrecken-DX im 6-m-Band signalisiert 2-m-Möglichkeiten; also das entsprechende Pilotband beobachten.

Das Interessante an der E_s-Schicht-Übertragung ist, daß schon geringe und schwach gebündelte TX-Leistungen ab etwa 5 W in SSB und CW Erfolg versprechen. Aber - wie schon gesagt - nur mit flachem Strahlungswinkel der korrespondierenden Antennen.

1.5.2 F_2-Schicht-Übertragung

Diese Schicht im Höhenbereich 250 . . . 400 km hat für Ultrakurzwellen nur sehr geringe Bedeutung. Arbeitsmöglichkeiten bestehen auf dem 6-m-Band in den Jahren des Sonnenflecken-Maximums; in solch eine Zeitspanne fällt auch das schon angeführte QSO JA 6 FR/LU 3 EX über 19000 km. Der nächste Höhepunkt der Sonnenaktivität steht in und um 1980 ins Haus. Beobachtungen sind von großem Interesse, zumal man vermutet, daß auch schon 2-m-Frequenzen von der F_2-Schicht übertragen worden sind, wofür ein Beweis aber noch aussteht.

Die notwendige Stationsleistung ist mit der für E_s-Schicht-Ausbreitung vergleichbar, jedoch muß man bedenken, daß mit zunehmender Anzahl der Signalsprünge TX-Leistung, Antennengewinn und RX-Empfindlichkeit immer höher ausfallen müssen.

1.5.3 Aurora-Übertragung

Die E-Schicht-Höhen sind der Tummelplatz des Polarlichts, das auf unserer nördlichen Erdhälfte Nordlicht und im Amateurjargon allgemein Aurora genannt wird. Aurora eignet sich zur Signalreflektion auf der Basis des Scatters.

Abb. 17 zeigt eine Kartenübersicht des europäisch-amerikanischen Auroragürtels mit Angaben zur Tageszahl im Jahresmittel, für die DX-Möglichkeiten bestehen. Aurorasaison ist in den Monaten März und September, aber auch die übrige Zeit bietet Arbeitsmöglichkeiten.

Die besten Aurorachancen hat man im 6-m- und 2-m-Band, die höchste Übertragungsfrequenz liegt um 500 MHz. Es geht nicht ohne hohe Sendeleistungen ab, und aufgrund der zumeist nur recht kurzlebigen Auroraauftritte und der tiefen Schwundeinbrüche kann fast nur CW gefahren werden.

Erstes Anzeichen einer Aurora-Bandöffnung ist Flackerfading im 80-m-Band (Frequenzen $\leqq$ 5 MHz). Verschieben sich diese Störungen in die höheren KW-Bänder, so kann mit UKW-DX gerechnet werden. Sichtbare Nordlichter sind keine Arbeitsvoraussetzung. Am besten informieren die Bilder verschiedener Wettersatelliten über die DX-Chancen; *Abb. 18* zeigt die Aufnahme eines etwa 1000 km breiten Auroragürtels über Nordamerika und Grönland.

Versuche sollte man in die Stunden zwischen Mittag und Abend legen und mit nach Norden gerichteter Antenne beginnen. Die maximalen Sprungreichweiten entsprechen etwa denen der E_s-Schicht-Übertragung und lassen sich anhand Abb. 16 abschätzen; der vertikale Strahlungswinkel sollte ebenfalls ent-

17 Europäisch-amerikanischer Aurora-Gürtel mit Angabe der Tageszahl

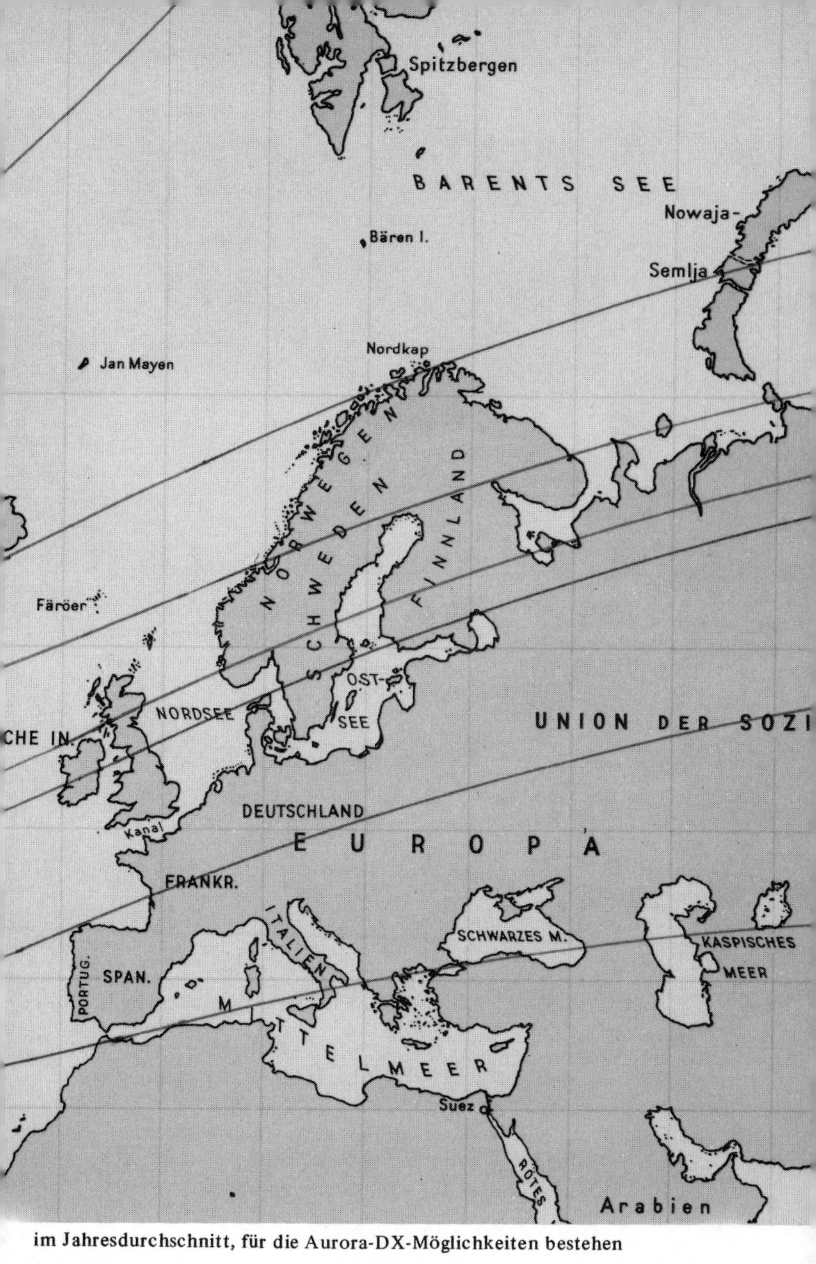

im Jahresdurchschnitt, für die Aurora-DX-Möglichkeiten bestehen

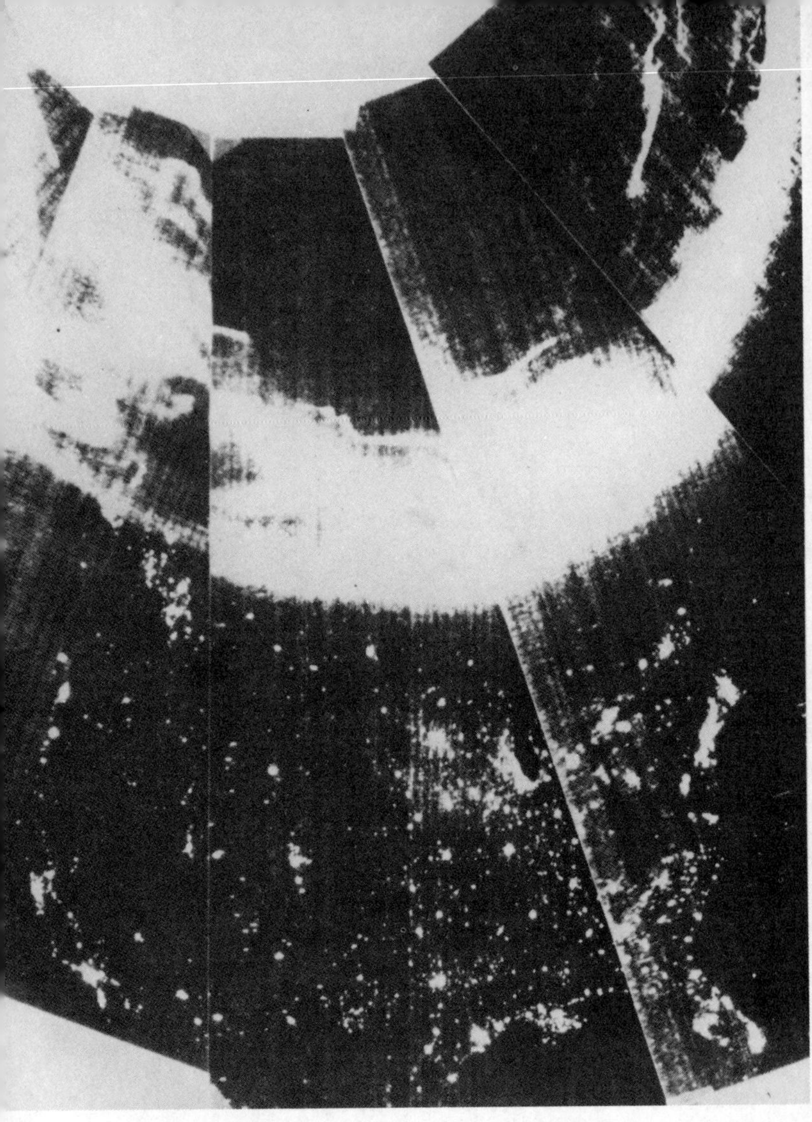

18 Satellitenbild eines Aurora-Auftritts über Nordamerika und Grönland; die hellen Stellen im Süden sind Großstadtlichter (Foto: US-Weather-Bureau)

sprechend flach gehalten werden. Mehrfache Signalsprünge sind noch nicht beobachtet worden, jedoch kommen kombinierte Sprünge Aurora/Es-Schicht vor.

1.5.4 Meteorscatter

In die Erdatmosphäre eindringende Meteore werden durch die Luftreibung dermaßen erhitzt, daß sie ionisieren und damit in einen elektrisch leitfähigen Zustand geraten. Dann eignen sie sich samt ihrem „Schweif" als UKW-Reflektoren, und da sich das Ganze in E-Schicht-Höhen abspielt, können sich beachtliche Sprungreichweiten der Signale einstellen; Abb. 16 gibt einen Anhalt.

Wegen der extremen Kurzlebigkeit einzelner Meteoreintritte haben nur Meteorströme Übertragungswert. Ströme oder Strömungsmaxima fallen überwiegend auf ganz bestimmte Tage oder Tagesfolgen eines Jahres, bei manchen Strömen zeigt die Rhythmik aber auch mehrere Jahre, Jahrzehnte oder noch längeren Abstand. *Abb. 19* gibt eine Übersicht der auf die Nordhalbkugel der Erde treffenden Ströme.

Für Meteorscatter-DX eignen sich die Bänder 6 . . . 1 1/2 m. CW ist die vorteilhafteste Betriebsart, aber gelegentlich läßt sich auch SSB verwenden. Man muß berücksichtigen, daß auch Meteorströme selten mehr als einige Sekunden zusammenhängender Übertragungsdauer bieten und dementsprechend zügig gearbeitet werden muß. Zu den Zeiten der Hauptströme folgt aber eine Chance der anderen. Unbedingtes Muß ist jedoch eine hochwertige Anlage mit leistungsstarkem TX, denn sonst braucht man sich garnicht erst zu bemühen.

Anzeichen von Meteoraktivität sind „Pings", die man bei eingeschaltetem BFO im Empfänger wahrnimmt und die von Reflektionen irgendwelcher Signale an den Meteoren herrühren. Es hat allerdings wenig Sinn, nun auf gut Glück *cq* zu rufen. Am besten ist es, QSOs frequenz- und zeitpräzise abzusprechen und möglichst parallel zum Scatterversuch eine KW-Verbindung zum Informationsaustausch zu fahren. Und da eine stark bündelnde Antenne präzise auf den von Meteoren „befallenen" Himmelssektor ausgerichtet sein muß - man kann da nicht lange experimentieren -, ist die Hilfe eines (Amateur-)Astronomen von großem Wert.

Abb. 19. Wichtige Meteorströme für Meteorscatter-DX

Bezeichnung des Stromes	Datum des Maximums	Eintritts-zeitraum	Meteore pro Stunde	Jährliche Wiederkehr
Quadrantiden	3. 1.	nachts	35 ... 45	ja
Lyriden	21. 4.	nachts	8 ... 12	ja
ηAquariden	8. 5.	nachts	12	ja
Pisciden	10. 5.	tags	30	nein
Cetiden	21. 5.	tags	20	ja
ζPerseiden	3. 6.	tags	40	ja
Arietiden	8. 6.	tags	60	ja
54-Perseiden	25. 6.	tags	50	ncin
βTauriden	2. 7.	tags	30	ja
αOrioniden	12. 7.	tags	50	nein
υ/ λGeminiden	12. 7.	tags	60	nein
Aurigiden	25. 7.	tags	20	nein
δAquariden	28. 7.	nachts	10 ... 22	ja
Perseiden	12. 8.	nachts	50	ja
Orioniden	21.10.	nachts	15 ... 30	ja
Tauriden	6.11.	nachts	10 ... 16	ja
Leoniden	16.11.	nachts	variabel	nein
Geminiden	13.12.	nachts	60 ... 70	ja
Ursiden	22.12.	nachts	13	ja

Es sind nur die über der nördlichen Erdhälfte sichtbaren Ströme aufgeführt; die meisten sind von mehrtägiger Dauer. Näheres findet man in der Astronomieliteratur (siehe Literaturverzeichnis).

1.6 Weltraumfunk

1.6.1 Satelliten-DX

Mit einem in großer Höhe die Erde umkreisenden Satelliten als Signalvermittler hat man weitaus bessere Reichweitechancen als mit allen anderen bisher angeführten Übertragungsarten. Da moderne Amateursatelliten mit Transpondern ausgerüstet sind, kann man an dieser Verkehrsart auch schon mit einfachen (aber zweckmäßig ausgelegten) Stationen teilnehmen. Auch OM-Jedermann mit seiner bescheidenen Anlage und einer zumeist von Schwindsucht geschüttelten Amateurkasse steht nicht länger im Abseits, wenn es um große Reichweiten geht.

20 OSCAR 1, der erste Amateurfunk-Satellit (Foto: W 6 SAI)

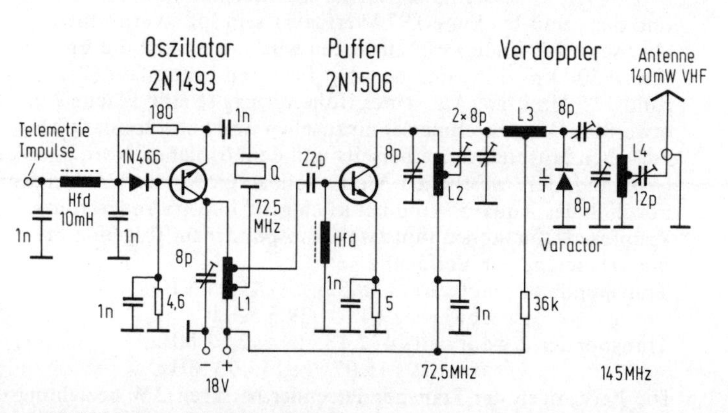

21 VHF-Schaltung der OSCAR-1-Bake

Satelliten-QSOs sind immer quasioptischer Natur. Dennoch zählt der Satellitenfunk zum DX, denn die Signale haben weite Wege zurückzulegen und müssen zweimal die Erdatmosphäre mit ihren dämpfenden Schichten durchlaufen.

Bislang sind sieben Amateursatelliten in den Orbit gebracht worden, alle unter der Bezeichnung OSCAR und forlaufend nummeriert:

OSCAR 1 - *Abb. 20* zeigt ihn - hat 1961 zum Startjahr; seine Funkbake ist in *Abb. 21* mit einem Schaltungsauszug vorgestellt.

OSCAR 2, ebenfalls mit einer Funkbake ausgerüstet, gelangte 1962 in den Orbit.

Der 1965 folgende dritte OSCAR war der erste mit einem Transponder zur QSO-Übertragung versehene Amateursatellit; *Abb. 22* zeigt das Transponder-Blockschaltbild.

OSCAR 4 war mit Transponder und Bake ausgestattet und ging ebenfalls 1965 in den Weltraum; in *Abb. 23* sieht man, wie er wohlverpackt auf die Nutzlaststufe seiner Trägerrakete montiert wird.

OSCAR 5, Startjahr 1970, betätigte sich als Funkbake.

OSCAR 6 wurde 1972 gestartet und machte mit Transponder und Bake von sich Hören.

Der mit zwei Transpondern und einigen Baken versehene OSCAR 7 gelangt 1974 auf seine Bahn und ist zur Zeit „im Amt".

OSCAR 7, dessen Lebensdauer mit drei Jahren bemessen ist und der somit bis Ende 1977 verfügbar sein soll - vermutlich aber sogar bis Ende 1978 aushalten wird -, umkreist die Erde in etwa 1500 km Höhe und benötigt für einen Erdumlauf (Periode) rund 115 Minuten. Aus seiner Höhe vermag er eine Fläche von etwa 8000 km Durchmesser einzusehen und kann somit QSOs zwischen Mitteleuropa einerseits und dem östlichen Nordamerika, Grönland, dem westlichen Asien, Nahost, großen Teilen Afrikas nördlich des Äquators und natürlich ganz Europa andererseits knüpfen. Dafür stehen ihm zwei Transponder für folgende Frequenzbereiche zur Verfügung:

Transponder 1 = aufwärts 145,85 . . . 145,95 MHz,
abwärts 29,4 . . . 29,5 MHz;
Transponder 2 = aufwärts 432,13 . . . 432,17 MHz,
abwärts 145,97 . . . 145,93 MHz.

Die Leistungen der Transpondersender betragen 2 W beziehungsweise 10 W. Außerdem sind zwei Bakensender auf 29,502 MHz

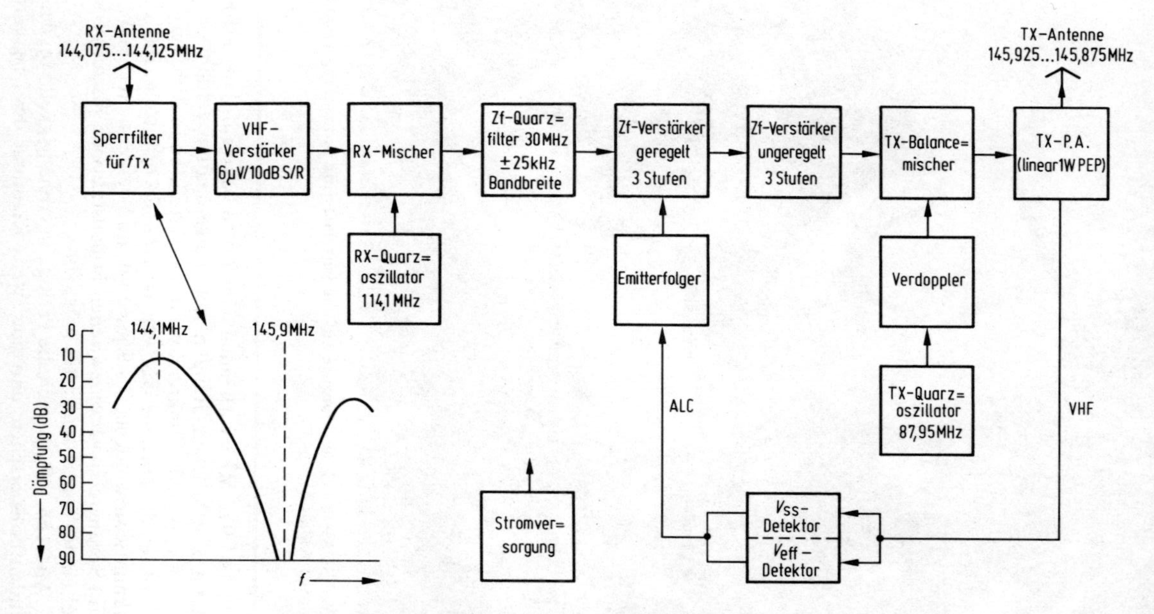

22 Blockschaltbild des OSCAR-3-Transponders

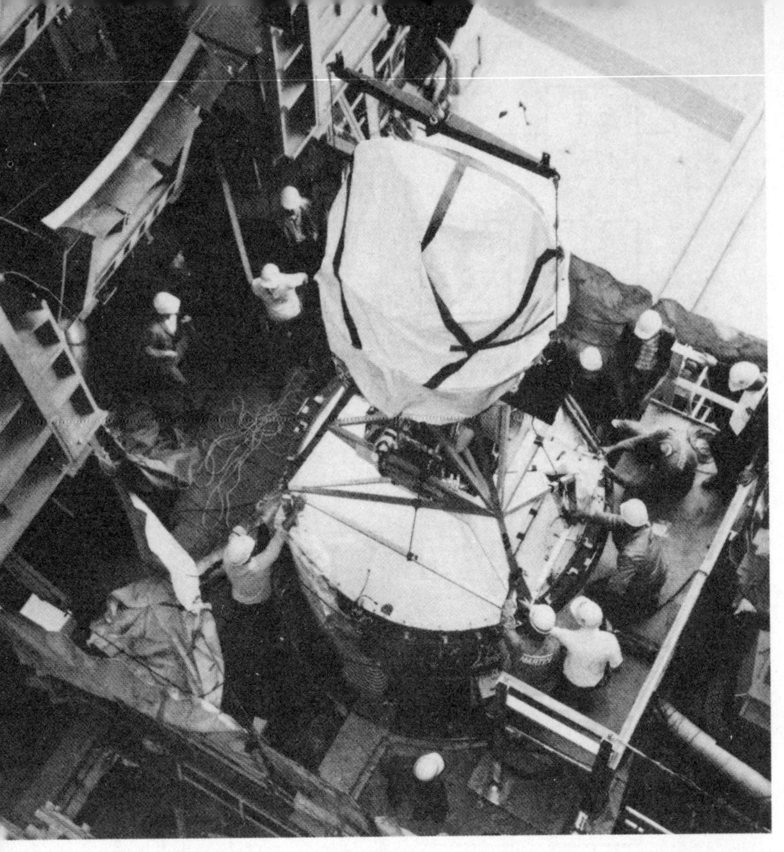

23 OSCAR 4 bei der Montage auf die Nutzlaststufe seiner Trägerrakete (Foto: AMSAT)

und 145,972 MHz vorhanden; eine dritte Bake auf 2304 MHz darf aus rechtlichen Gründen nicht eingeschaltet werden.

Die maximale Funkreichweite von Satelliten in Abhängigkeit von ihrer Umlaufhöhe läßt sich aus *Abb. 24* ermitteln. Das Diagramm wird wie Abb. 7 ausgewertet, und dementsprechend sind Sprungreichweiten zwischen Bodenstationen bis zum Doppelten des Diagrammwertes möglich.

Aus *Abb. 25* läßt sich die Periode in Abhängigkeit von der Umlaufhöhe ersehen, und eine zweite Kennlinie des Diagramms

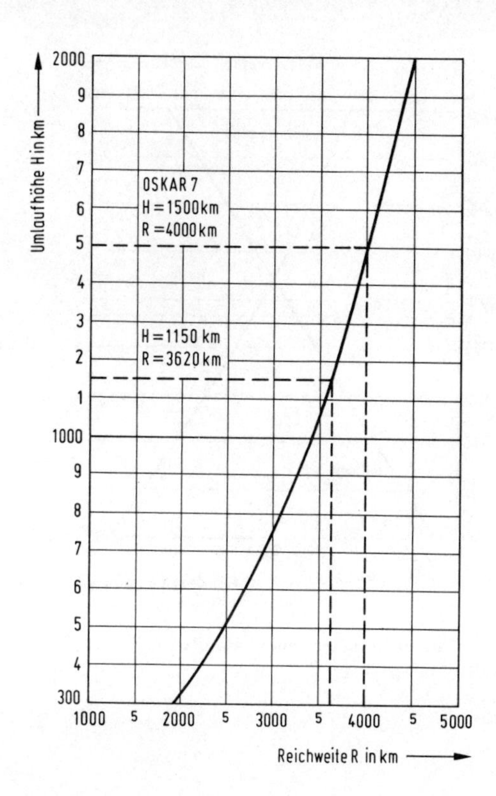

24 Entfernung des Funkhorizonts „aus der Sicht" eines Satelliten in Abhängigkeit von der Umlaufhöhe

gibt Aufschluß über die Umlaufgeschwindigkeit des Trabanten. Beide Diagramme zeigen deutlich die Bindung der Bahndaten an die Umlaufhöhe; und überhaupt ist die ganze Bahnmechanik faktisch starr miteinander verknüpft.

Für den OSCAR-Praktiker sind neben der Funkreichweite die zeitlichen Arbeitsmöglichkeiten von besonderem Interesse. Grundsätzlich gilt, daß Stationen mit Zenithdurchgang des Satelliten die längste Kontaktdauer haben, die mit zunehmendem seitlichen Abstand der Satellitenbahn vom Stationszenith immer kürzer ausfällt.

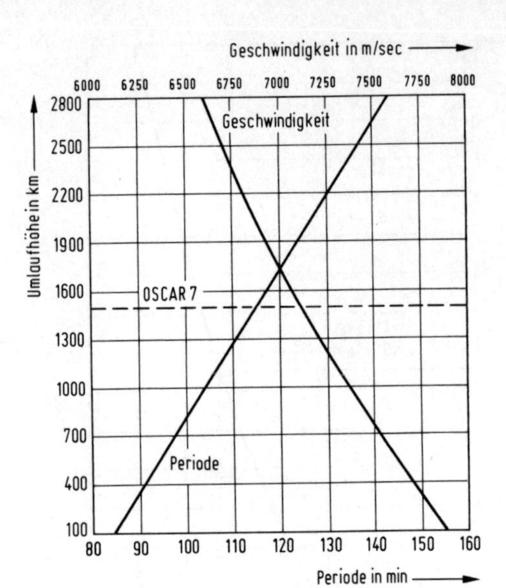

25 Periode und Geschwindigkeit eines Satelliten in Abhängigkeit von der Umlaufhöhe

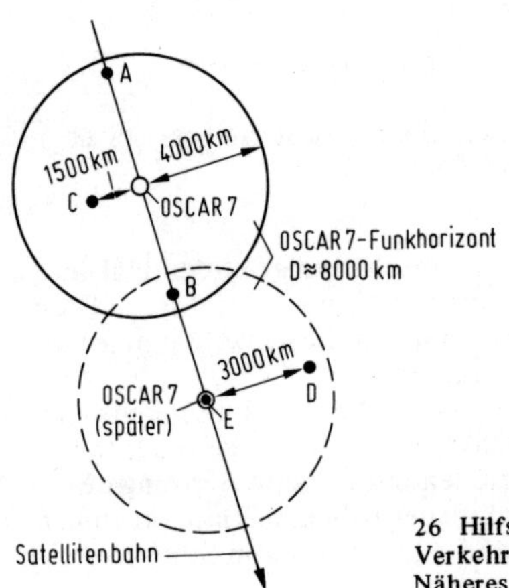

26 Hilfszeichnung zur Erläuterung der Verkehrsmöglichkeiten über Satelliten; Näheres im Text

OSCAR 7 mit 1500 km Umlaufhöhe bietet bei einer Zenithpassage etwa 25 Minuten Kontakt. Diese Lage herrscht für die Orte A und B in *Abb. 26.* Man beachte aber: Stationen bei A *oder* B finden für 25 Minuten OSCAR-Anschluß, wogegen *zwischen* A *und* B nur eine sehr kurzlebige Verbindung möglich ist, denn der Trabant ist für B soeben aufgegangen, während er für A kurz vor dem Untergang steht. Der 1500 km seitlich der Satellitenbahn liegende Ort C sieht den Trabanten nur etwa 20 Minuten, und während dieser Zeitspanne kann er mit A *oder* B für jeweils nicht länger als etwa zehn Minuten Verbindung halten, wobei sich die Spannen nur wenig überschneiden. C mit A *und* B finden nur sehr kurzzeitig Kontakt, nämlich für die zwischen A und B geltende Zeitspanne.

Der gestrichelt gezeichnete Funkhorizont des inzwischen weitergezogenen Satelliten erlaubt die Verbindung zwischen D und E, da D jedoch 3000 km seitlich der Trabantenbahn liegt, beträgt die Kontaktdauer nur etwa zehn Minuten. Zwischen dem Ort E, der den Trabanten im Zenith hat, und B in der Nähe des Satellitenhorizonts und mit der Trabantenbahn über sich, ist etwa die halbe maximale Kontaktzeit von 25 Minuten Verkehr möglich. Die Verbindung zwischen B und D ist - ähnlich wie bei A/B, jedoch mit anderen Ortsverhältnissen - wiederum nur sehr kurzlebig.

Je nach örtlicher Lage der Stationen und den aktuellen Bahnelementen des Satelliten stellen sich also recht unterschiedliche Verkehrsverhältnisse ein, die sich, obwohl sie strengen Regeln unterworfen sind, nicht mit einfachen Diagrammen und Tabellen darstellen lassen. Ein „tiefsinniges" Studium der Abbildung macht die verschiedenartigen Verhältnisse jedoch hinreichend deutlich.

Der Praktiker sollte wissen, daß er mit einer Überschreitung der von der AMSAT vorgeschriebenen maximalen Strahlungsleistung seines Senders den RX des Satelliten übersteuert und dessen Stromversorgung überlastet. Dadurch werden *alle* währenddessen über den Trabanten laufenden Signale mehr oder weniger verzerrt. Für OSCAR 7 beträgt die maximal zulässige Strahlungsleistung des Boden-TX 80 W; die Praxis hat gezeigt, daß auch schon 1 . . . 2 W VHF plus 10 dB Antennengewinn (10 . . . 20 W Strahlungsleistung) brauchbare Verbindungen erlauben.

Die günstigsten Betriebsarten sind CW und SSB, die das schmale Frequenzband der Transponder am besten ausnutzen und den besten Störabstand bieten. Abgesehen von der breitbandigen ATV werden aber auch alle anderen Betriebsarten von den linear arbeitenden Transpondern übertragen.

Ein beim Satellitenverkehr zu beobachtendes interessantes Phänomen ist die Frequenzverschiebung der Signale durch den Doppler-Effekt. Man erinnert sich: Das Motorengeräusch eines sich nähernden Autos ist höher in der Frequenz als das des vorübergefahrenen und sich wieder entfernenden Wagens (gleichbleibende Geschwindigkeit vorausgesetzt). Beim Trabanten ist es nicht anders. Die Frequenzverschiebung ist am größten beim aus Horizontnähe und für Zenithpassage aufkommenden OSCAR. Je mehr er sich dem Zenith des Beobachters nähert, um so mehr verringert sich seine Geschwindigkeit relativ zum Beobachter, und um so geringer fällt dementsprechend die Frequenzverschiebung aus. Im Moment des Zenithdurchgangs ist sie Null. Anschließend fällt die Frequenz weiter ab; wie beim Motorengeräusch des sich entfernenden Wagens.

Die Frequenzverschiebung ist abhängig von der Größe der Signalfrequenz und fällt mit zunehmender Signalfrequenz immer größer aus (absolut, nicht prozentual). *Abb. 27* gibt eine Übersicht der Maximalwerte, wie sie beim Transponderbetrieb auftreten. Dabei spielt das Frequenzschema des Transponders eine Rolle. Das Diagramm berücksichtigt das, und deshalb ist seine senkrechte Skala nicht mit der Transponder-Eingabe- oder Ausgabefrequenz zu beschicken, sondern mit der *Differenzfrequenz* zwischen Eingabe- und Ausgabefrequenz. Für OSCAR 7 mit (u.a.) 2-m-Eingabe und 10-m-Ausgabe müssen also rund 145 - 29 = 116 MHz eingesetzt werden. Die waagerechte Skala nennt dann den Maximalwert der resultierenden Frequenzverschiebung, für 116 MHz Differenzfrequenz rund 6 kHz.

Der Doppler-Effekt hat zur Folge, daß sich Transceiver mit starrem Frequenzgleichlauf zwischen TX und RX für Satelliten-QSOs nicht eignen, denn die Frequenzverschiebung kann bei SSB-Telefonie bis zu sechs Übertragungs-Bandbreiten ausmachen, bei schmalbandiger CW sind es noch viel mehr (für 70-cm/2-m-Transponder mit rund 290 MHz Differenzfrequenz). Es kommen deshalb nur getrennt abstimmbare Sender/Empfänger infrage, es sei denn, ein Transceiver ist mit zusätzlicher RX-Verstimmung (RIT, Delta-Tuning; zumeist vorhanden) hinreichenden (!) Spielraums ausgestattet.

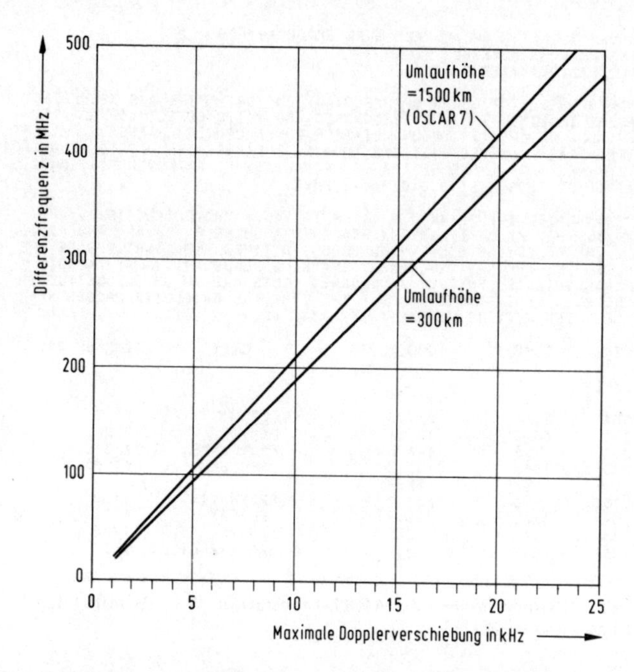

27 Diagramm zur Ermittlung der Doppler-Frequenzverschiebung beim Satelliten-DX

Aktuelles über Amateursatelliten erfährt man aus den Amateurfunk-Zeitschriften und den Rundsprüchen auf den Bändern. Verschiedene Clubstationen senden auch RTTY-Berichte, ein Beispiel zeigt *Abb. 28* mit einem Bulletin von W 1 AW (Clubstation der ARRL) bezüglich OSCAR 6.

1.6.2 Erde-Mond-Erde-DX

EME-DX ist nur mit sehr hochwertigen und leistungsstarken Stationen zu bewerkstelligen. Der Signalweg von rund 700000 km Länge ist ungewöhnlich energiezehrend, und weitere erhebliche Leistungseinbußen verursachen die für diese Übertragungsart viel zu weitwinkligen Strahlungsdiagramme auch

HR OSCAR BULLETIN NR 18 FROM ARRL HEADQUARTERS
NEWINGTON CONN NOVEMBER 2. 1972
TO ALL RADIO AMATEURS BT

AMATEURS USING THE OSCAR 6 COMMUNICATIONS SATALIITE ARE REQUESTED BY AMSAT TO LIMIT THEIR EMISSIONS TO 100 WATTS EFFECTIVE RADIATED POWER. USE OF GREATER GROUND STATION POWER CAUSES EXCESSIVE BATTERY CURRENT DRAIN AND NECESSITATES TURNING THE REPEATER OFF TO ALLOW FOR BATTERY RECHARGE. USE OF THE SPACECRAFT BY LOWER POWER STATIONS IS IMPAIRED BY THOSE USING EXCESSIVE POWER.

THE TRANSLATOR INPUT BAND IS 145.9 TO 146.0 MHZ OUTPUT IS 29.45 TO 29.55 MHZ. A CW TELEMETRY BEACON TRANSMITS ON 29.45 AND 435.1 MHZ. THE FOLLOWING EQUATORIAL CROSSING TIMES AND LONGTITUTDES ARE SUPPLIED BY THE NATIONAL AMSAT TRACKING HEADQUARTERS AT TALCOTT MOUNTAIN SCIENCE CENTER,. AVON CON. TIMES ARE IN GMT, LONGITUEDS ARE DEGREES WEST OF GREENWICH. THE TIME THE SATELLITE PASSES NEAR THE SELECTED CITY IS WITHIN A FEW MINUTES.

ORBIT	TIME	LONGITUDE	CITY	TIME OF PASS
NOVEMBER 3				
230	0118	067.3	DETROIT	0132
231	0313	096.1	DENVER	0326
232	0508	124.8	FAIRBANKS	0530
233	0703	153.6	HONOLULU	0710
234	0858	182E		
235	1053	211.0	REYKJAVIK	1129
236	1248	239.8	HALIFAX	1331
237	1443	258.5	DALLAS	1530
238	1638	197.0	SAN FRANCISCO	1831

28 RTTY-Rundschreiben der ARRL-Clubstation W 1 AW mit Daten und Fakten über OSCAR 6

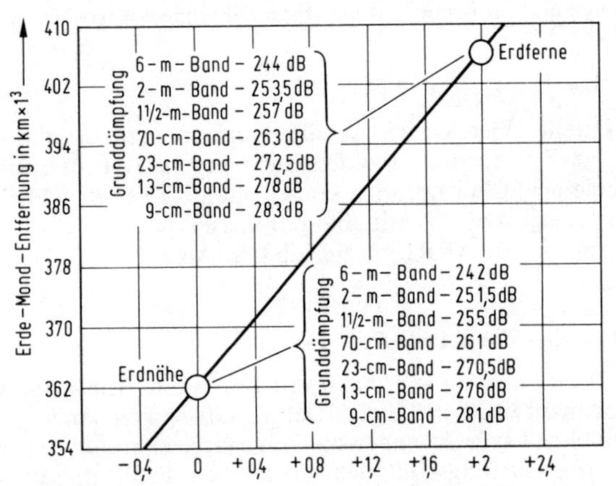

29 Streckendämpfung beim EME-Verkehr

sehr guter Antennen. Hinzu kommt der geringe Reflektionsfaktor der Mondoberfläche von 0,065, so daß nur 6,5 % der aufgefangenen Energie zurückgeworfen wird. Als gewaltiger Vorteil der EME-Strecke schlägt jedoch zu Buche, daß weltweite Verbindungen geknüpft werden können; im Gegensatz zum Satellitenverkehr, der mit einem in 1500 km Höhe umlaufenden Trabanten „nur" etwa 8000 km Aktionsradius bietet.

Abb. 29 zeigt eine Übersicht der sehr hohen Streckendämpfung des EME-Weges für die einzelnen Bänder unter Berücksichtigung des von der Mondkonstellation hervorgerufenen Unterschiedes der Streckenlänge, der annähernd 90000 km ausmacht.

Wenn man davon ausgeht, daß 0,5 kW TX-Leistung die von unseren Amateurfunk-Vorschriften diktierte Grenze bildet, die in Verbindung mit einem Empfänger höchster Empfindlichkeit ausgenutzt wird, so muß der Antennengewinn so hoch ausfallen, daß er mit durchschnittlichem Aufwand bei weitem nicht zu verwirklichen ist. *Abb. 30* gibt dazu einen Anhalt mit Beispiel: Auf dem 70-cm-Band sind für 0,5 kW TX-Leistung

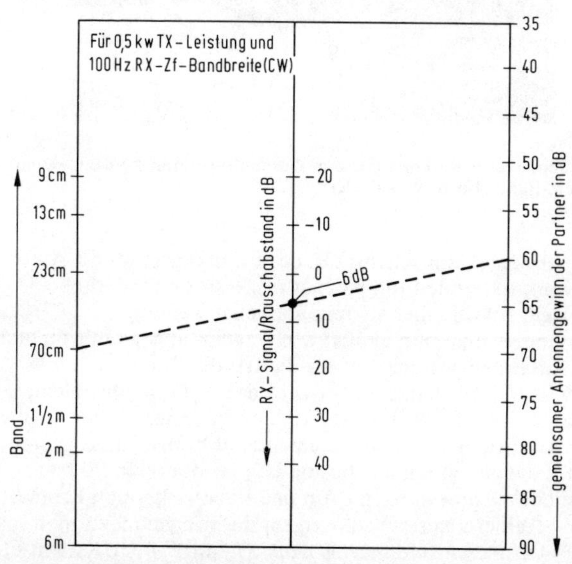

30 Diagramm zur Leistungsabschätzung beim EME-DX

31 Parabolspiegel-Antenne mit 6 m Durchmesser und 23 dB Gewinn im 70-cm-Band (Foto: W 4 HHK)

und 6 dB Signal/Rauschabstand des Empfängers 60 dB Antennengewinn für beide Funkpartner insgesamt erforderlich; also jeweils 30 dB, aber auch in ähnlicher Teilung.

Betrachtet man nun einmal den Gewinn allgemein gebräuchlicher Antennensysteme, der für die Bänder 2 m und 70 cm etwa 8 . . . 18 dB ausmacht, so wird das Antennenproblem, und das ist hier das wirkliche Problem, in seiner ganzen Größe deutlich. Antennen höherer Elementzahl bringen zwar mehr Gewinn, haben jedoch nur für die Bänder oberhalb 70 cm „handliche" Abmessungen. Von den hochwirksamen Parabolspiegel-Strahlern ganz zu schweigen, die von geradezu monströsen Ausmaßen sind, wie es *Abb. 31* mit W 4 HHKs 6-m-Element zeigt, das im 70-cm-Band rund 23 dB Gewinn bringt.

Abb. 32. Jeweiliger Mindest-Antennengewinn der EME-Funkpartner für 0,5 kW TX-Leistung und 4 dB RX-Signal/Rauschabstand

Band	RX-Zf-Bandbreite	Antennen-gewinn
6 m	100 Hz 500 Hz 2500 Hz	17 dB 20 dB 23 dB
2 m	100 Hz 500 Hz 2500 Hz	22 dB 25 dB 28 dB
1 1/2 m	100 Hz 500 Hz 2500 Hz	24 dB 27 dB 30 dB
70 cm	100 Hz 500 Hz 2500 Hz	26 dB 29 dB 32 dB

Der Antennengewinn basiert auf einen Reflektionsfaktor der Mondoberfläche von 6,5 %

Und dann ist da noch die mit zunehmender Frequenz ebenfalls zunehmende Streckendämpfung, derentwegen die Antennenvorteile der höheren Bänder leicht „auf der Strecke bleiben".

EME-Versuche auf den Bändern 6 m . . . 70 cm können anhand der Tabelle *Abb. 32* geplant werden. Die angeführten RX-Zf-Bandbreiten dienen für CW und SSB, den günstigsten EME-Betriebsarten. Obwohl von nur 4 dB RX-Signal/Rauschabstand ausgegangen wird - eingangs war ja von 6 dB beziehungsweise 10 dB die Rede -, darf von höchstmöglicher Empfänger-Empfindlichkeit kein Deut abgewichen werden.

Diese Leistungsbilanz weitergeführt zeigt das interessante Ergebnis: 0,5 kW TX-Leistung an einer 30-db-Antenne sind 500 kW (!) effektive Strahlungsleistung, und Empfangsspannung und Rauschen werden von der gleichen Antenne auf das Dreißigfache angehoben.

Zum Rauschen ist noch hinzuzufügen, daß die terrestische Rauschkomponente mit zunehmendem vertikalen Erhebungswinkel der Antennen-Strahlungskeule mehr und mehr abnimmt und unter Umständen sogar gänzlich wegfällt. Andererseits muß man aber unbedingt darauf achten, daß die Sonne nicht in den Antennen-Wirkbereich gerät, denn gegen die Rauschleistung des Zentralgestirns gibt es kein Ankommen.

Auch beim EME-Verkehr tritt der Doppler-Effekt in Erscheinung, jedoch in längst nicht so starkem Maße, wie es bei Satelliten-QSOs der Fall ist. Einen Anhalt über den Maximalwert bekommt man, wenn man die Betriebsfrequenz mal drei nimmt und das Ergebnis in Hz liest, für das 2-m-Band beispielsweise 145 x 3 = 435 Hz. Deshalb müssen auch im EME-Betrieb TX und RX gegeneinander verstimmbar sein, vor allem, wenn man CW mit sehr geringer RX-Bandbreite um 100 Hz als die bei weitem günstigste Betriebsart fährt.

EME-DX ist Team-Arbeit, richtige Vollprofis, die alles allein können, gibt es kaum. Weder das notwendige sehr umfangreiche und zahlreiche Fachrichtungen betreffende Wissen noch das viele Geld für die sehr hochwertige Anlage können normalerweise von einem OM allein aufgebracht werden. Hier soll nur auf die Berechnung der Bahnelemente des Mondes für Antennenführung und QSO-Zeitplan, der Stellung des Mondes zur Sonne und anderer galaktischer Rauschquellen und der auf die Praxis überleitenden Fakten hingewiesen sein. Was die Berechnung von Raumkoordinaten und Zeitplänen betrifft, versichert man sich am besten der Hilfe eines Astronomen oder Nautikers, denn mit Augenmaß und Daumenpeilen kann man nämlich - und das mag viele Leser überraschen - garnichts besehen. Und so reiht sich ein Problem an das andere, ehe (vielleicht) das erste Mondecho seinen Weg in den RX findet; hoffentlich im Zuge eines QSOs.

Für Interessenten die Calls einiger europäischer EME-DXer: DL 3 YBA, F 8 DO, G 3 LTF, HB 9 RF, OH 1 NL und der Weltrekordler SM 7 BAE.

Abb. 33 zeigt die „Schriftzüge" von W 2 NFAs CW-Signale, die er auf 1296 MHz mit 0,4 kW TX-Leistung und 44 dB Antennengewinn (effektive Strahlungsleistung = 10000 kW!) auf den EME-Weg schickte und nach etwa 2,5 Sekunden Laufzeit als Echo mit derselben Antenne aufnahm; man beachte die tiefen Schwundeinbrüche. In diesem Band fand auch das erste EME-QSO der Amateurgeschichte überhaupt statt (1960), woran Arbeitsgruppen um W 1 BU und W 6 HB beteiligt waren; *Abb. 34* zeigt W 1 BUs Parabolspiegel-Antenne und den ausgedienten Bus, in dem die Station untergebracht war.

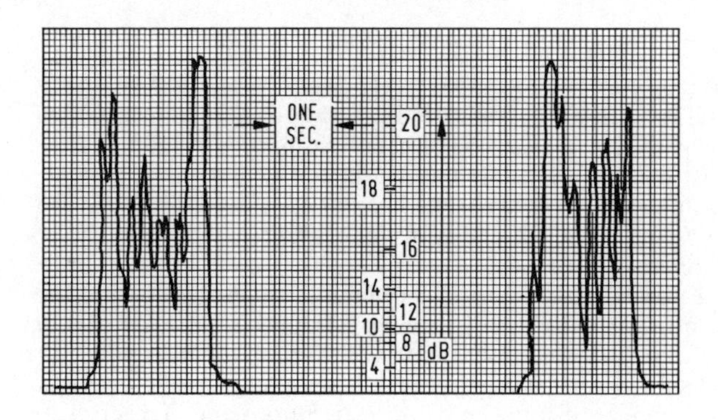

33 Die „Schriftzüge“ von W 2 NFAs CW-Signale als Mondechos

34 W 1 BUs Anlage für das erste EME–QSO der Amateurgeschichte (Foto: W 1 BU)

1.6.3 Unsere Zukunft im Weltraum

Ein in etwa 36000 km Höhe über dem Äquator umlaufender Satellit befindet sich mit der Erdrotation in Synchronisation und verbleibt ständig über einem bestimmten Ort der Erde. Er ist dann geostationär und wird auch als Synchron-Satellit bezeichnet. Aus seiner Höhe kann er etwa ein Drittel der Erdoberfläche einsehen und ist für dieses Gebiet jederzeit erreichbar.

Zahlreiche kommerzielle und militärische Satelliten haben ihren festen Platz am Himmel, geostationäre Amateursatelliten gibt es jedoch noch nicht. OSCAR 4 war als solcher vorgesehen und sollte über der Nordostecke Brasiliens „geparkt" werden. Infolge einer Störung an der dritten Stufe seiner Trägerrakete Titan-3C (Abb. 23) geriet er jedoch in eine stark elliptische Umlaufbahn, und damit war der Traum vom „Dauerbrenner" erst einmal aus. Trotzdem hatte er seine Betriebsfähigkeit nicht eingebüßt und vermittelte zahlreiche schöne QSOs, darunter eines zwischen UP 2 ON in der USSR und K 2 GUN in den USA; UP 2 ONs QSL-Karte für diese Verbindung zeigt *Abb. 35.*

Zur Zeit ist wieder ein geostationärer Amateursatellit im Gespräch, über dessen Startzeitpunkt, Standort und Betriebsdaten sich aber noch nichts Verbindliches sagen läßt; und letztlich kann - wie bei OSCAR 4 - auch noch einiges dazwischen kommen.

Unser nächster Trabant, es ist dann OSCAR 8, soll voraussichtlich 1980 in den Orbit gebracht werden. Da OSCAR 7 bis dahin längst ausgefallen sein wird, will man sich zwischenzeitlich mit einer Aushilfe unter der Bezeichnung OSCAR D behelfen, deren Start von der AMSAT für Juni oder Oktober 1977 vorgesehen ist.

OSCAR D ist mit zwei Transpondern für folgende Frequenzbereiche ausgelegt:

2 m/10 m = aufwärts 145,85 . . . 145,95 MHz,
abwärts 29,4 . . . 29,5 MHz;
2 m/70 cm = aufwärts 145,90 . . . 145,95 MHz,
abwärts 435,15 . . . 435,10 MHz.

Zusätzlich sollen zwei Bakensender auf 29,4 MHz beziehungsweise 435,095 MHz gefahren werden.

OSCAR 8 ist für eine stark elliptische Umlaufbahn im Höhenbereich 1500 . . . 35800 km vorgesehen. Seine Periode fällt dann mit etwa 12 Stunden aus. Die Transponder-Ausrüstung

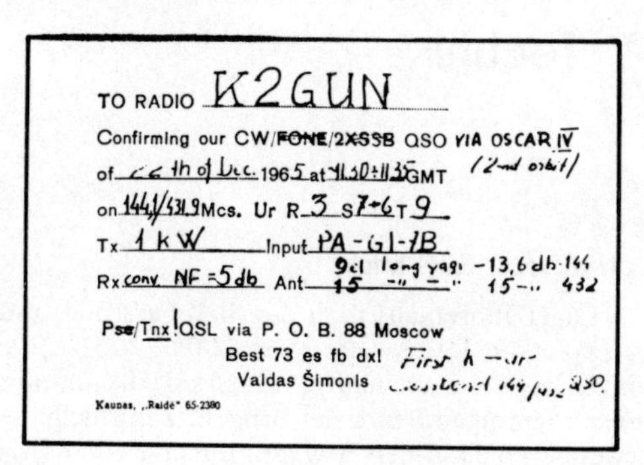

TO RADIO K2GUN

Confirming our CW/FONE/2xSSB QSO VIA OSCAR IV

of 22th of Dec. 1965 at 11.30÷11.35 GMT (2nd orbit)

on 144/431.9 Mcs. Ur R 3 S 7-6 T 9

Tx 1 kW Input PA-GI-7B

Rx conv. NF=5db Ant 9el long yagi -13,6 db 144 15 -"- 15 -.. 432

Pse/Tnx !QSL via P. O. B. 88 Moscow

Best 73 es fb dx!

Valdas Šimonis

Kaunas, „Raide" 65-2380

35 QSL-Karte von UP 2 ON an K 2 GUN für ihr interkontinentales OSCAR-4-QSO

ist mit zwei Einheiten für 70 cm/2 m beziehungsweise 2 m/70 cm ausgelegt, die Frequenzbänder mit jeweils 150 kHz Bandbreite liegen um 145,9 MHz und 435,1 MHz. Für die Sender der Transponder sind jeweils 50 W PEP-Ausgangsleistung vorgesehen.

Darüberhinaus ist ein weiterer Amateursatellit im Gespräch, der beim Start des Space-Shuttle (Raumfähre) Ende 1979 mitgenommen werden soll. Alles in allem zeigen sich also recht interessante und Aktivität versprechende Perspektiven.

Ideal wäre natürlich ein leistungsstarker Transponder auf dem Mond. Als Präsident Kennedy seinerzeit das US-Raumfahrtprogramm in Gang setzte, konnte man in dieser Beziehung einige Hoffnung hegen; 1980 war eine realistische Terminvorstellung. Nachdem die Weltraumfahrt nun aber erst einmal weitgehend auf Eis gelegt worden ist, steht es in den Sternen, ob dieser Wunschtraum vom lunaren Kompagnon noch zur Realität unseres Jahrtausends wird.

2 UKW-Technik

2.1 Ein ultrakurzer Rückblick

Als in den fünfziger Jahren auf dem 2-m-Band erstmals mit einiger Regelmäßigkeit Reichweiten von 100 . . . 250 km erzielt werden konnten, geschah das häufig mit geradezu „unmöglichen" Geräten und sehr geringen Senderleistungen. Zahlreiche der vorwiegend verwendeten Transceiver waren nur mit einer Doppeltriode bestückt, deren eines System als freischwingender Senderoszillator, deren anderes als Modulator fungierte, und die Senderleistung lag vorwiegend im Bereich 200 . . . 800 mW. Zum Empfang wurde „der Rückwärtsgang eingeschaltet": Aus dem Oszillator wurde ein rückgekoppeltes Audion, aus dem Modulator ein nachgeschalteter Nf-Verstärker. Als Antennen verwendete man vorwiegend einfache Systeme mit geringem Gewinn.

Diese einfachen Transceiver sind heute nicht mehr brauchbar. Sie haben weder die nötige Frequenzstabilität, die man auf den stellen- und zeitweise engbelegten Bändern und auch für verschiedene früher im Amateurfunk nicht gebräuchlichen Betriebsarten benötigt, noch reicht ihre Übertragungsqualität bei den zum Teil kritischen DX-Betriebsverhältnissen aus. Die Erfahrungen der vergangenen Jahrzehnte zeigen aber deutlich, daß Erfolg nicht nur das Ergebnis technischen Aufwands und hoher Senderleistung ist, sondern, ja vor allem auf den gekonnten Einsatz auch bescheidener Mittel basiert.

Ein Beispiel geradezu extrem geringen Aufwands für einen 2-m-Transceiver zeigt *Abb. 36.* Die Schaltung datiert aus den ersten Jahren des 2. Weltkriegs und ist den Zeitumständen entsprechend mit nur einer Röhre bestückt.

Bei dieser Röhre handelt es sich um eine sogenannte Eicheltriode, damals der allerletzte Schrei der Funktechnik und, wie schon der Name verrät, von der Größe einer Eichel. Im Sendebetrieb des Transceivers arbeitet sie als freischwingender L/C-Oszillator, wobei sie von einem Kohlemikrofon verstärkerlos am Steuergitter moduliert wird. Sie bringt etwa 100 mW VHF, die über einen einfachen Dipol abgestrahlt häufig noch

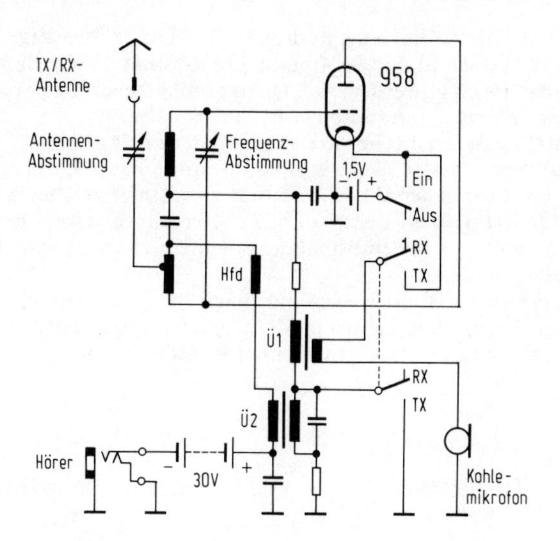

36 UKW-Transceiver in „Sparschaltung" aus den Jahren des 2. Weltkriegs

in 100 km Entfernung zu vernehmen sind. Empfangen wird im Rückwärtsgang, wobei die TX-Schwingstufe als Audion dient. Und obwohl eine Nf-Nachverstärkung des Empfangssignals fehlt, können Sender mit weitaus weniger als 1 W VHF über mehr als 100 km aufgenommen werden.

Der Sender dieses für AM (A 3) ausgelegten Geräts ist natürlich mit erheblichen, breitbandig abgestrahlten FM-Anteilen behaftet. Das läßt sich bei der unübertroffen simplen Schaltungstechnik auch garnicht vermeiden. Es spielt auch keine Rolle, solange genügend unbenutzter Frequenzraum zur Verfügung steht. Aber das ist schon seit langem nicht mehr der Fall. Trotzdem kann man sich auch heute noch gelegentlich solcher Signale erfreuen . . . - Aber auch damals gab es schon Besseres.

Als Beispiel zeigt *Abb. 37* einen zeitgenössischen FM-Sender für das von 1938 bis kurz nach Kriegsende in den USA zugelassene Band 112 . . . 118 MHz, dem Vorgänger unseres internationalen 2-m-Bandes.

Man erkennt die für heutige Begriffe durchaus noch moderne Schaltungstechnik mit 9-MHz-Steuersender und anschließender

Frequenz-Verzwölffachung in drei Stufen. Für die damalige Zeit geradezu typisch ist der DX-freundliche Abstimm-VFO; dazu muß aber angefügt werden, daß Quarze entsprechender Frequenz in jenen Jahren astronomisch hohe Preise haben.

Auffällig ist der Lecher-Kreis im Anodenzweig der PA, ein früher gern verwendetes sehr verlustarmes Bauteil, das inzwischen fast überall der Miniaturisierung zum Opfer gefallen ist.

Moduliert wird über eine 6 L 7 als Mikrofonverstärker und „Blindröhre" zur FM-Hubsteuerung; heute verwendet man dazu Kapazitätsdioden.

Zu erwähnen ist noch die Möglichkeit der Strommessung in den Leistungsstufen, die bei modernen Schaltungen mit breitbandig ausgelegten festabgestimmten Kreisen überflüssig ist.

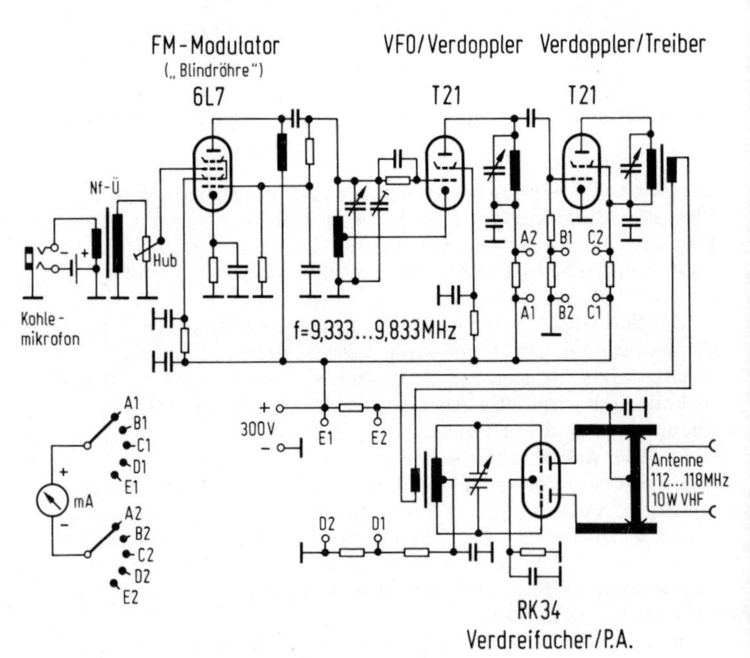

37 **UKW-FM-Amateursender aus den 40er Jahren**

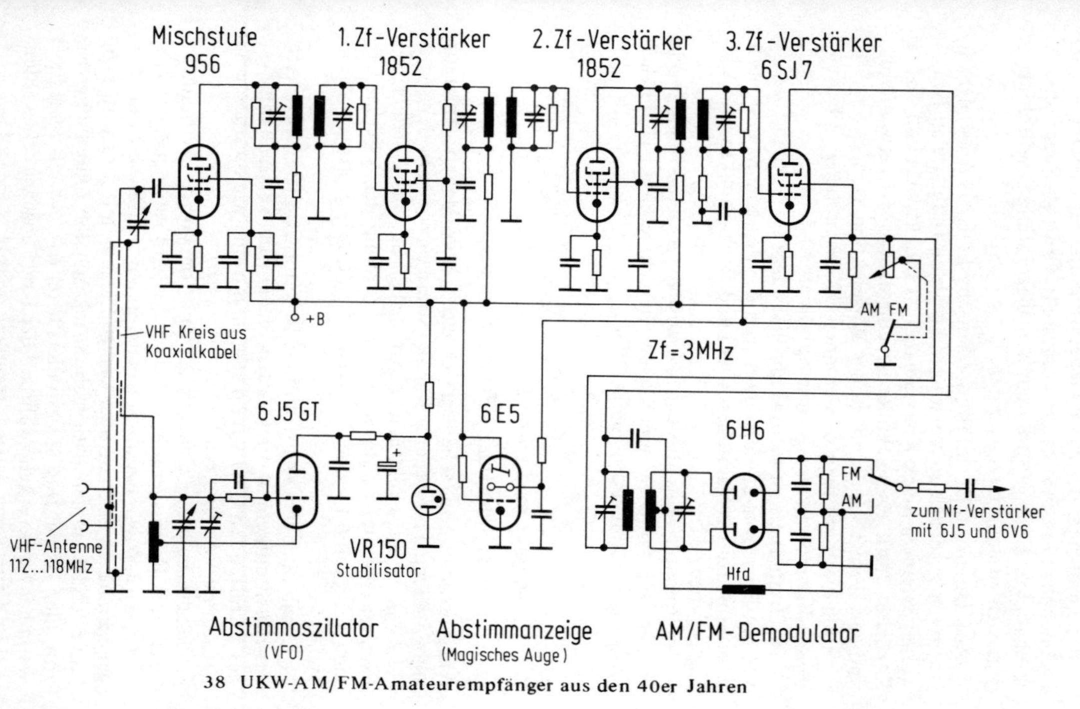

38 UKW-AM/FM-Amateurempfänger aus den 40er Jahren

Ein Empfänger derselben Generation und für dasselbe Frequenzband ist in *Abb. 38* vorgestellt. Er ist als Superhet geschaltet und gehört somit am damaligen Stand der Technik gemessen zu den Spitzengeräten.

Auf den ersten Blick fällt der Eingangskreis ins Auge, der im Gegensatz zu der heute vorwiegend geübten Drahtspulen-Bauweise von einem Stück Koaxialkabel als Induktivität und Teil der Kapazität des Kreises gebildet ist; eine damals viel verwendete und bewährte Technik mit hoher Vorselektion.

Auch hier sieht man wieder einen DX-freundlichen VFO, dessen Betriebsspannung sogar stabilisiert ist.

Der Empfänger ist für AM und FM ausgelegt, dabei ist der FM mit Begrenzer-Zf-Verstärker, von der Begrenzung gesteuerter Abstimmanzeige (Magisches Auge) und Ratio-Detektor der Vorzug gegeben.

Im Prinzip gibt es also kaum etwas Neues, sondern mehr oder weniger wirksame Verfeinerungen, die dem letzten i-Tüpfelchen an Leistungsfähigkeit dienen (sollen).

2.2 Die Basis muß stimmen

2.2.1 Kanalwähler oder VFO-Abstimmung?

Am Abstimmknopf scheiden sich die Geister. Manche Amateure ziehen die quarzgesteuerte Kanalabstimmung vor mit der Begründung, sie sei einfach zu handhaben und biete die beste Frequenzstabilität, während es für andere nur den VFO mit seiner absoluten Frequenzflexibilität gibt, mag er kosten was es wolle.

Kanal- oder VFO-Abstimmung ist keine Streitfrage. Die Art der Abstimmtechnik orientiert sich allein am Verwendungszweck des betreffenden Geräts, und sowohl die eine wie die andere Art hat so ihre Vor- und Nachteile.

Schalterbetätigte Kanalwähler sind von Vorteil, wenn im Orts- oder Bezirksverkehr auf vereinbarten Festfrequenzen gearbeitet wird, sowie beim FM-Relaisverkehr. Für diese Zwecke genügen häufig schon einige wenige Kanäle - mit fünf wird man zumeist auskommen -, die sich mittels Schalter ohne Fehlerrisiko anwählen lassen. Das ist besonders beim Kfz-Betrieb vorteilhaft, wenn der Funkverkehr während der Fahrt abgewickelt werden soll und nur wenig Aufmerksamkeit zuläßt.

VFO-Abstimmung ist Grundvoraussetzung für den DX-Verkehr; nicht umsonst war schon im vorigen Abschnitt vom DX-freundlichen VFO die Rede. Beim DX muß man sich allen Frequenzverhältnissen jederzeit 100 %ig anpassen können, und das gelingt nur mit einem VFO; man denke da auch an die vom Doppler-Effekt hervorgerufenen Frequenzverschiebungen. „Kanalarbeiter" haben deshalb keine nennenswerten DX-Chancen, und außerdem treffen sich die meisten DX-Interessenten abseits der vorwiegend benutzten Kanalfrequenzen.

Der Verfasser hört hier die Veto-Rufe zahlreicher Quarzanhänger, die alle mehr oder weniger den gleichen Tenor haben: UKW-VFO? - Wanderwellen-Produzent! Aber dieses Argument ist mittlerweile zur Nostalgie geronnen, denn ein mit den hochwertigen Bauteilen unserer modernen Technik zweckmäßig ausgelegter VFO nimmt es hinsichtlich Frequenzstabilität mit jeder guten Quarzschaltung auf, und in jeder anderen Hinsicht ist er ihr überlegen.

Außerdem bedeutet Quarzsteuerung nicht automatisch auch hohe oder gar höchste Frequenzstabilität. Was man in dieser Beziehung sehr oft auf den Bändern wahrnehmen kann, verkündet nicht nur Positives über den Quarz. Aber man täte den Quarzen Unrecht, würde man ihnen die Frequenzwanderungen zahlreicher Kanalgeräte in die Schuhe schieben. Häufig sind es nämlich die Schaltungsentwickler, die aus Kostengründen unzureichende und zum Teil geradezu abenteuerliche Dimensionierungen wählen, die dann gleichwohl Wanderwellen erzeugen.

Gute quarzgesteuerte Geräte sind schon von der Schaltung her recht aufwendige und dementsprechend teure Objekte, und dazu gesellen sich dann noch die beachtlichen Kosten der Quarzbestückung. *Abb. 39* zeigt als Beispiel den RX-Teil der Kanalwähler-Schaltung im 2-m-FM-Transceiver HW-202 von Heathkit, ein Gerät für hohe Qualitätsansprüche. Somit spricht letztlich nur die unkomplizierte Art der Frequenzwahl zu Gunsten der Kanalgeräte, und die ist wohl nur beim Kfz-Betrieb und für viel benutzte Frequenzen von Wert.

Schon ein Kanalwähler mit drei oder vier Quarze ist teurer als ein hochwertiger VFO; sogar dann, wenn man ihn für höchste Stabilitätsansprüche oder sehr hohe Frequenzen in einen Thermostat einbaut. Dazu zwei Beispiele: *Abb. 40* zeigt die recht einfache Schaltung des VFOs im 2-m-Miniempfänger SME von Semcoset, die mit einer Temperaturkompensation versehen ist

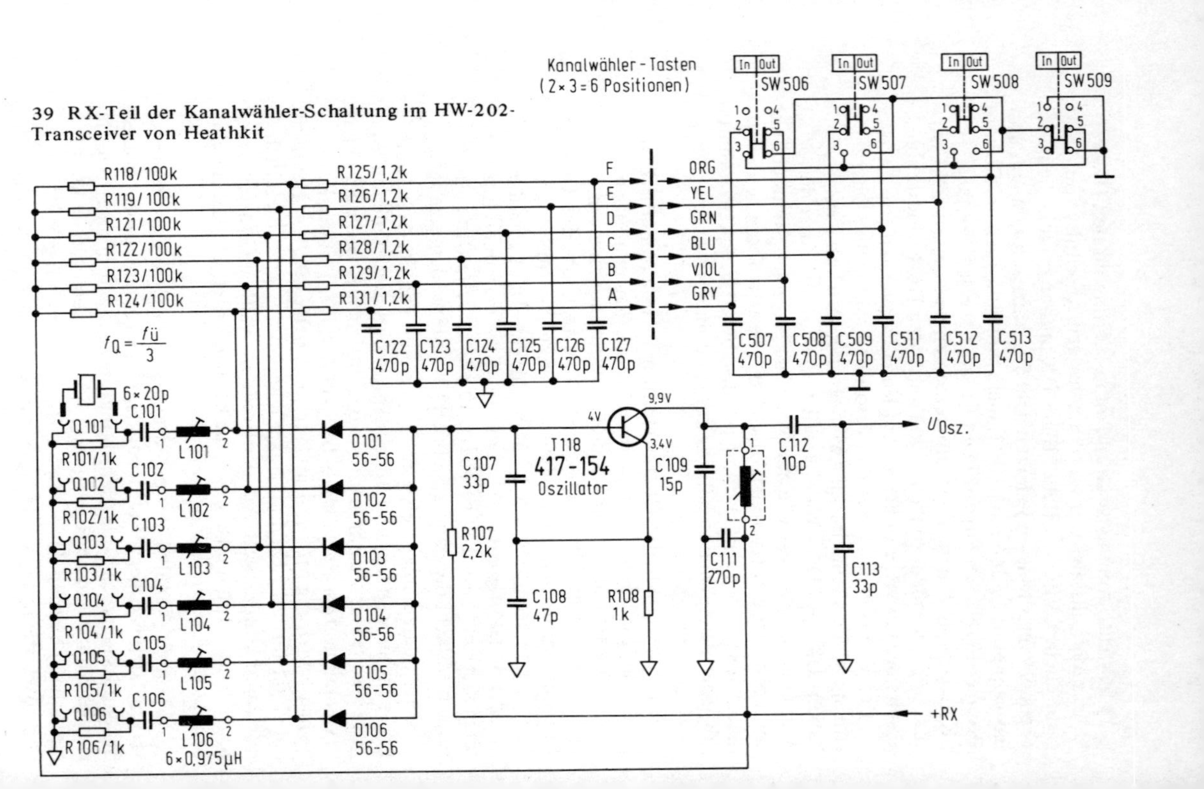

39 RX-Teil der Kanalwähler-Schaltung im HW-202-Transceiver von Heathkit

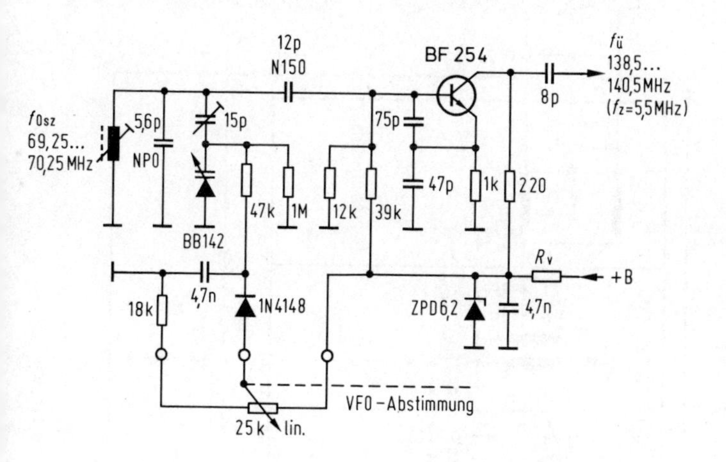

40 VFO-Abstimmoszillator im 2-m-Mini-RX SME von Semcoset

und somit auch höheren Ansprüchen gerecht wird. *Abb. 41* ist eine Selbstbauschaltung für sehr hohe Stabilitätsanforderungen, deren Temperaturverhalten der Frequenz aus dem Diagramm *Abb. 42* hervorgeht; auch sie bedarf keines besonderen Materialaufwands. Vom finanziellen Standpunkt aus gesehen kann man sich also sogar zwei hochstabile VFO für die getrennte Abstimmung von Sender und Empfänger leisten. Das ist der Gipfel!

Vor allem in früheren Jahren, als es noch keine hochwertigen UKW-Bauteile zu erschwinglichen Preisen gab, hat es nicht an Versuchen gefehlt, die guten Stabilitätseigenschaften hochwertiger Quarzoszillatoren mit den Kostenvorteilen des VFOs zu verbinden. Als besonders günstig hat sich die VXO-Technik herauskristallisiert, bei der die Frequenz eines Quarzoszillators gezogen wird. Der realisierbare Ziehbereich der Quarzfrequenz beträgt etwa ± 0,18 % vom Sollwert, das sind im 2-m-Band etwa 500 kHz insgesamt.

Abb. 43 zeigt die Schaltung eines VXOs, den DL 6 MH für einen 2-m-Sender entwickelt hat. Der Ziehbereich liegt bei annähernd 600 kHz, bezogen auf das 2-m-Band, so daß vier Quarze für die lückenlose Bandabstimmung ausreichen.

Das finanzielle Plus der VXO-Schaltung wird gemindert von der zunehmenden Frequenzinstabilität mit wachsender Quarz-

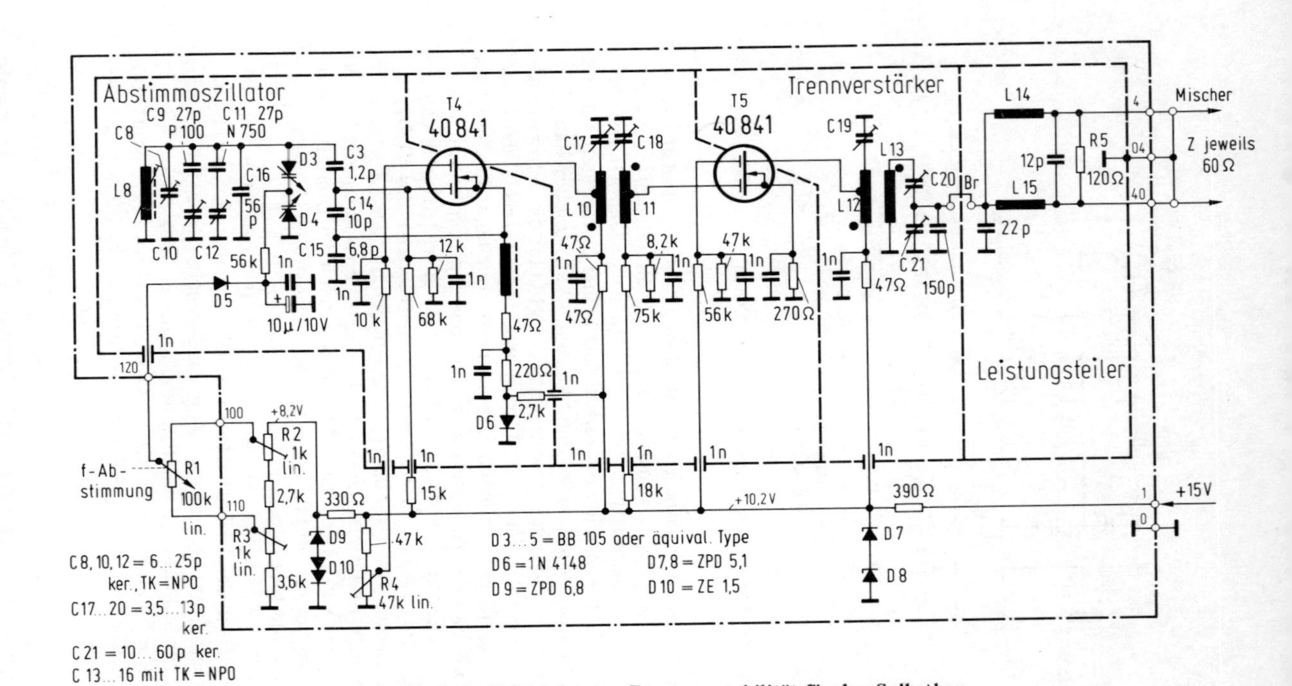

41 2-m-Abstimm-VFO höchster Frequenzstabilität für den Selbstbau

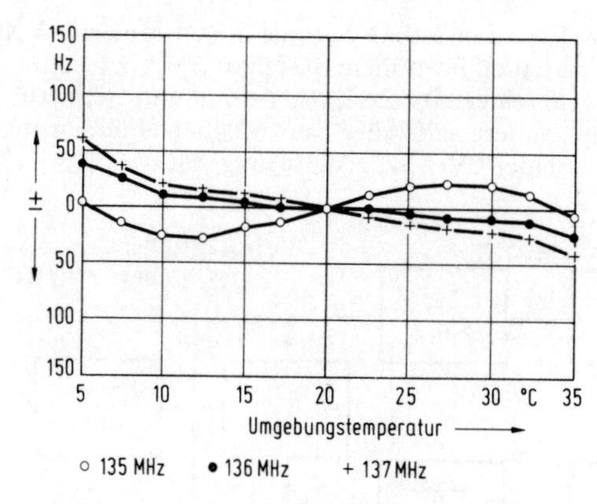

42 Frequenzgang des Abstimm-VFOs in Abb. 41

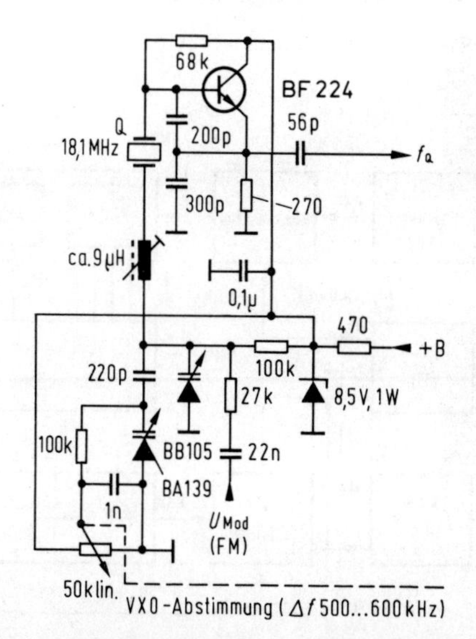

43 VXO-Abstimmschaltung für einen 2-m-FM-Sender nach DL 6 MH

verstimmung. Trotzdem ist ein optimal dimensionierter VXO (wie in Abb. 43) auch für höhere Stabilitätsansprüche zu empfehlen, wenn einerseits die Kanalabstimmung nicht zu gebrauchen ist, andererseits aber - aus welchen Gründen auch immer - kein „reiner" VFO zur Verfügung steht.

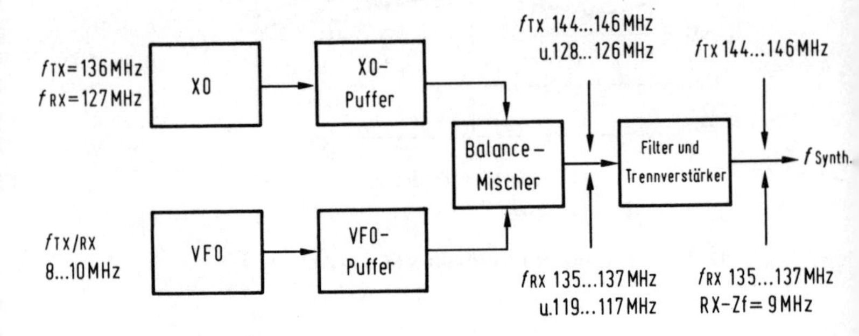

44 Frequenzsynthese-Steuersender nach dem Mischverfahren

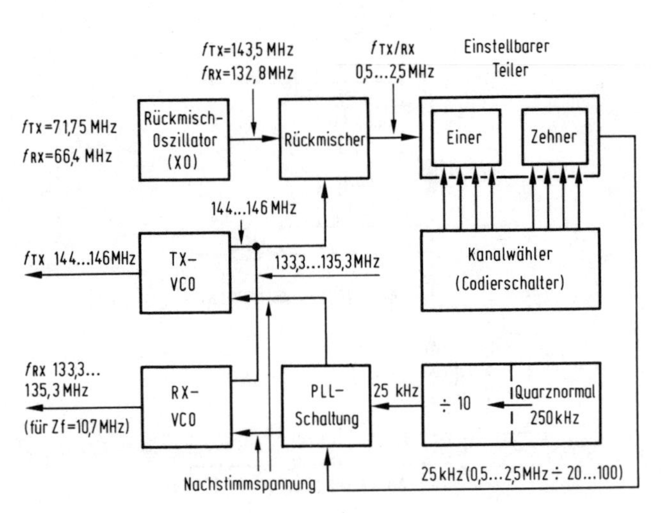

45 80-Kanal-Synthese-Steuersender mit nur einem Quarz

46 80-Kanal-FM-Transceiver SE-285 für das 2-m-Band (Foto: Braun)

Eine andere und bei richtiger Schaltungsauslegung bessere Möglichkeit zum Erzeugen einer stetig durchstimmbaren hochstabilen Frequenz bietet die Frequenzsynthese. Dabei schwingt ein VFO sehr hoher Stabilität in einem niedrigen Frequenzbereich, dessen Signal mit einer viel höheren und hochstabilen Quarzfrequenz in das gewünschte UKW-Band aufgemischt wird. Diese Schaltungstechnik ist allerdings wenig selbstbaufreundlich, denn es kann sehr leicht vorkommen, daß die einzelnen Frequenzen auf Schleichwegen an den Ausgang des Synthesizers gelangen und unerwünschte und unzulässige Ober- und Nebenwellen-Ausstrahlungen bewirken, und im RX sind störende Nebenempfangsstellen möglich. Die Fehlerquellen lassen sich zumeist nur mit hochwertigen und für den OM selten greifbaren Meßgeräten einkreisen und ausmerzen. *Abb. 44* zeigt das Schaltungsprinzip dieses Syntheseverfahrens; es gibt noch andere.

Dazu gehört eines, das mit seiner Blockschaltung in *Abb. 45* vorgestellt ist und zeigt, wie man bei Vielkanalgeräten Quarze sparen kann; moderne Kanalgeräte für den Amateurfunk haben bekanntlich 80 und mehr schaltbare Kanäle, manche kommerzielle und militärische sogar bis zu etwa 30000 (!). Man stelle sich einmal den Preis eines entsprechenden Quarzsatzes vor, vom Raumbedarf ganz zu schweigen. Deshalb verwendet man einen VCO, der unmittelbar auf der Betriebs- beziehungsweise RX-Mischfrequenz schwingt und dessen jeweilige Rastfrequenz von einem nur mit einem einzigen Quarz bestückten Mutteroszillator über eine Digital- und PLL-Schaltung bestimmt und

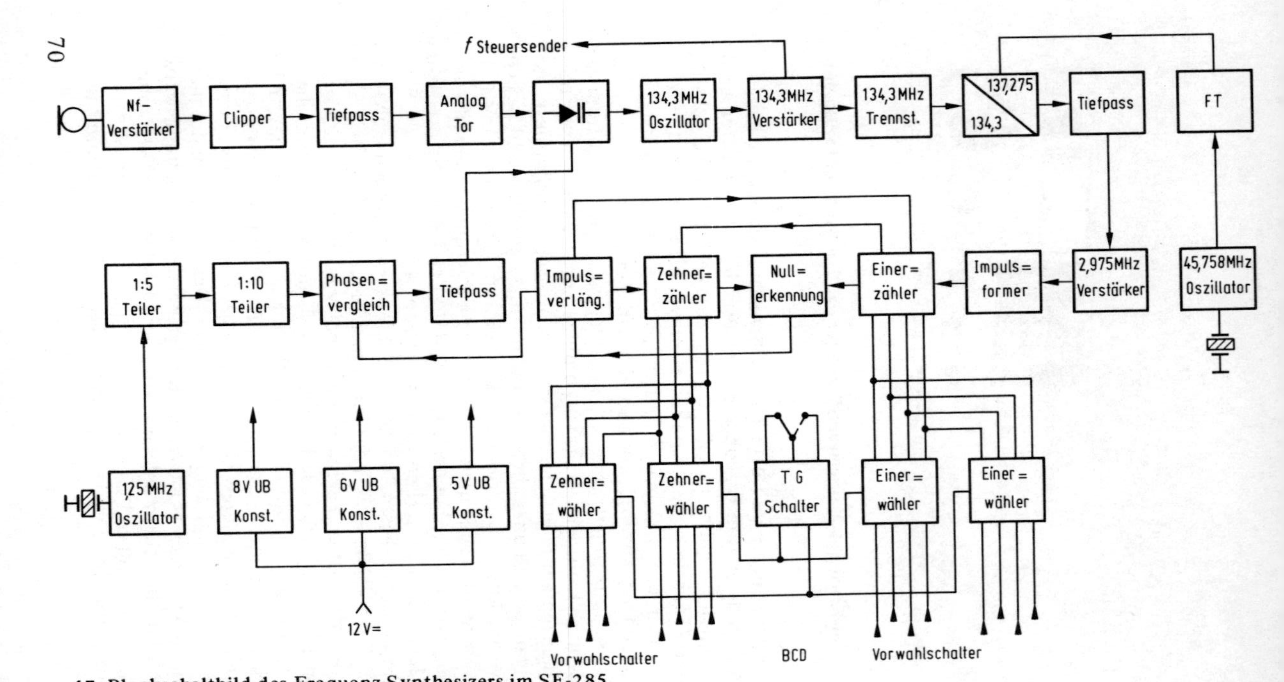

47 **Blockschaltbild des Frequenz-Synthesizers im SE-285**

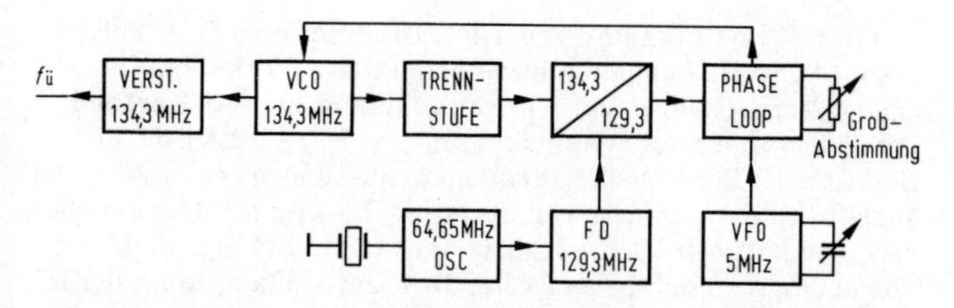

48 Schema eines Steuersenders mit VFO-Abstimmung, Rückmischung und Frequenzklammerung mittels PLL-Schaltung

geklammert ist. Das in Abb. 45 angeführte Frequenzschema ist für einen 2-m-Transceiver mit jeweils 80 Sende- und Empfangskanäle im 25-kHz-Raster ausgelegt. Ein typischer Vertreter dieses Konzepts ist der 2-m-FM-Transceiver SE-285 von Braun; er ist in *Abb. 46* zu sehen, und in *Abb. 47* ist die Blockschaltung seines Synthesizers dargestellt. OM mit einiger Erfahrung in UKW-Technik und Digital-Elektronik finden auf dieser Basis interessante Selbstbauaspekte.

Gleiches gilt für ein Syntheseverfahren zur kontinuierlichen Frequenzabstimmung, dessen Blockschaltbild in *Abb. 48* angegeben ist; der Frequenzplan ist für das 2-m-Band und 10,7 MHz Zf ausgelegt. Hierbei wird die Überlagerungsfrequenz im Bereich 133,3 . . . 135,3 MHz mittels eines VCOs erzeugt. Die VCO-Frequenz mischt man in den Bereich 4 . . . 6 MHz hinunter und klammert sie über eine PLL-Schaltung an einen hochstabilen Mutter-VFO, dessen Frequenzbereich ebenfalls 4 . . . 6 MHz ausmacht. Abstimmfrequenz und Frequenzstabilität werden also vom Mutter-VFO bestimmt. Auf diesen niedrigen Frequenzen läßt sich die Stabilität leicht so hoch treiben, daß auch die schärfsten Amateurfunk-Anforderungen bei weitem übertroffen werden.

Und damit steht die Frage nach der tatsächlich notwendigen Frequenzstabilität im Raum.

2.2.2 Frequenzstabilität

Abgesehen von SSB kann man die höchstzulässige Frequenzdrift als einen auf die Übertragungs- oder RX-Zf-Bandbreite bezogenen Prozentwert ausdrücken.

Für CW sind bis zu 50 % der RX-Bandbreite als Drift zulässig, das sind 250 Hz bei den zumeist benutzten 500 Hz breiten Quarzfiltern. Gleiche Verhältnisse gelten für die A-3-Telefonie mit Träger und zwei Seitenbändern, also 1,5 . . . 2,5 kHz Höchstdrift. Für FM sind Frequenzwanderungen bis zu 25 % der Signalbandbreite tolerierbar, also rund 2,5 kHz bei dem üblichen Frequenzhub von 10 . . . 12 kHz; ungestörte FM-Signale lassen sich aber auch noch bei stärkerer Drift aufnehmen, wenn der RX breitbandiger ist als das Signal.

Sehr hohe Stabilitätsansprüche stellt SSB. Hierbei sind unabhängig von der Übertragungs-Bandbreite oder RX-Trennschärfe maximal 200 Hz Drift zulässig; mit Ausnahme der Musikübertragung, die überhaupt keine Drift erlaubt. Größere Frequenzwanderungen machen ein SSB-Signal immer unlesbar, bei gestörten Sendern schlagen aber auch schon geringere Abweichungen auf die Übertragungsqualität durch.

Wenn man einmal von sehr schmalbandiger CW entsprechend $<$ 400 Hz RX-Bandbreite absieht, die praktisch nur für EME- und anderes „Super-DX“ Bedeutung hat, wird die notwendige Frequenzstabilität also von den SSB-Erfordernissen bestimmt; jedenfalls sollte es im Interesse allgemein hoher Übertragungsqualität so sein. 200 Hz Höchstdrift klingen hart, zumal sie unabhängig ist von der jeweiligen Bandfrequenz und als Absolutwert erscheint. Aber damit ist es noch nicht abgetan.

Tatsächlich dürfen die Instabilitäten nicht mehr als 100 Hz ausmachen, denn der Höchstwert 200 Hz ist zwischen den beiden Funkpartnern aufzuteilen, deren Frequenz ja gegenläufig driften kann.

Weiterhin ist zu berücksichtigen, daß selbst Empfänger mit einfacher Überlagerung bei SSB und CW, sowie alle SSB-Sender mindestens zwei Oszillatoren fahren - Abstimm- und Trägeroszillator -, so daß die Drift je Oszillator noch geringer ausfallen muß.

Darin steckt eine gewisse Problematik, die aber insofern etwas herabgemildert ist, als im Amateurfunk - und damit im Gegensatz zu vielen anderen Funkdiensten - auch die Zeitspanne eine Rolle spielt, während der die Stabilität eingehalten werden muß. Diese Spanne ist mit der Dauer eines QSOs zu veranschlagen, die wohl selten mehr als 15 Minuten ausmachen wird.

Dieser Sachverhalt zeigt deutlich, daß man die Finger von der mehrfachen Überlagerung lassen sollte, solange einem nichts dazu zwingt, denn mit jeden zusätzlichen Oszillator geht eine Verschlechterung der Stabilitätsverhältnisse einher. Mehrfachüberlagerung benötigt man erst auf den Bändern 70 cm und höher aus Gründen hinreichender Spiegelselektion.

Ein großer Fehler wäre es, würde man die Frequenzstabilität mit der Begründung vernachlässigen, man könne zu großer Drift ja mit Nachstimmen begegnen. Bei DX führt Nachstimmen sehr schnell zum Signalverlust, zumindest aber gehen Teile des QSOs verloren. Auf diese Weise ist schon manche heiß ersehnte QSL-Karte ungeschrieben geblieben.

2.2.3 *Wert und Unwert hoher Senderleistung*

Jede TX-Leistungsstufe kostet eine erkleckliche Summe Geldes, und bei größerer Ausgangsleistung kommt schnell ein ansehnlicher Betrag zusammen. Hinzu kommt die mit zunehmender TX-Leistung ebenfalls zunehmende Schwingneigung der im Geradeausbetrieb fahrenden Verstärker, die sich nur mit einigem Aufwand bändigen läßt. Dann sind Ober- und Nebenwellen-Unterdrückung zu beachten, ebenfalls heiße Eisen bei größeren Leistungen. Und für Linearverstärker, wie man sie für SSB benötigt, kommt der mit zunehmender Stufenzahl abnehmende Intermodulationsabstand hinzu, der sehr schnell zu indiskutabler Signalqualität führt.

Das alles sind triftige Gründe zugunsten möglichst *kleiner* TX-Leistung. Man benötigt eine „angemessene“ PA, die nicht stärker sein sollte, als es die vorgesehenen Übertragungsarten erfordern. In diesem Rahmen müssen auch die aktuellen Antennenverhältnisse Berücksichtigung finden. Mehr TX-Leistung und mehr Erfolg sind durchaus nicht miteinander verwandt.

Für quasioptischen, troposphärischen, E_s-Schicht- und OSCAR-7-Verkehr kommt man mit 10 W in Verbindung mit $\leqq$ 10 dB Antennengewinn immer aus. In 1.2 ist dargestellt, daß für alle anderen DX-Arten um 100 W und mehr Leistung und $>$ 10 dB Antennengewinn notwendig sind. Fehlt es an Installationsmöglichkeiten für hinreichend leistungsstarke Antennen, so sollte man auch auf die hohe Senderleistung verzichten, die dann nur enorme Anschaffungskosten verschlingt, ohne daß ein praktischer Nutzen entsteht (!). Außerdem bewirkt eine Leistungserhöhung beim TX solange garnichts, wie man nicht auch die Empfänger-Empfindlichkeit heraufsetzt, und sind im RX alle empfindlichkeitsfördernden Schaltungsmaßnahmen getroffen worden, so läßt sich eine weitere Verbesserung des Empfangs nur mittels besserer Antennen erzielen; letztlich nutzt es nämlich garnichts, wenn man zwar über große Distanzen zu hören ist, selbst aber aus so weiter Ferne nichts zu vernehmen vermag.

Jede Verbindung zwischen zwei Punkten an der Erdoberfläche, deren Funkhorizonte sich überschneiden, kann im 2-m-Band mit 1 W an einem einfachen Dipol ohne weiteres hergestellt werden. Ein halbwegs empfindlicher Empfänger (1 μV/10 dB) bringt dann Signalstärken von S 2 . . . 4 und manchmal mehr. Im 70-cm-Band ist etwa die dreifache Leistung für gleiche Signalstärken am Empfangsort nötig, wobei die etwas geringere Empfindlichkeit durchschnittlicher UHF-Empfänger schon berücksichtigt ist. Das ist theoretisch wie praktisch bewiesen.

Ebenfalls bewiesen ist, daß Leistungen dieser Größenordnung sogar für den Verkehr über OSCAR 7 ausreichen, wenn man eine Antenne mit etwa 10 dB Gewinn benutzt. Und das, obwohl das Signal einige Tausend Kilometer zurückzulegen hat, ehe es den Trabanten erreicht und eine Nachverstärkung erfährt. Satelliten-DX mit so geringen Sendeleistungen zählt nicht zu den Seltenheiten, und auch die Empfänger brauchen nur durchschnittlich zu sein.

Damit zeigt sich deutlich, daß sogar die Entscheidung über 1 W oder 10 W eines näheren Gedankens wert ist. Immerhin handelt es sich um ein Leistungsverhältnis von 1 : 10, das als Kostenfaktor schon ansehnlich zu Buche schlägt. Viel bedeutsamer kann es aber sein, daß ein 1-W-Sender immer portabel aus Batterien betrieben werden kann, was bei einem 10-W-TX nur noch in Verbindung mit einer ansehnlichen Stromversorgungs-Traglast möglich ist.

Bei den Überlegungen zur TX-Leistung spielt aber auch die Höhe der Antenne eine ganz wesentliche Rolle mit, und nicht nur in Bezug auf den quasioptischen Sichtbereich. Die für 1 W TX-Leistung angeführten Reichweiten setzen voraus, daß die Antennenhöhe mindestens fünf Wellenlängen beträgt. Diese Höhe deshalb, weil flachgerichtete Antennen geringerer Höhe unter dem Einfluß des nahen Erdbodens dermaßen stark aufwärts „schielen“, daß die Zielrichtung mehr oder weniger aus dem Blickfeld des Strahlers gerät und die Übertragung beeinträchtigt oder ganz und gar unterbunden wird. Und dementsprechend benötigt man diese Mindesthöhe nicht, wenn der Verkehr über einen hoch über dem Horizont passierenden Satelliten abgewickelt wird.

Einen Anhalt über die Auswirkungen dieses Bodeneffekts gibt das Diagramm *Abb. 49.* Die beiden waagerechten Skalen zeigen die normierte Sendeleistung beziehungsweise Empfangsspannung (der Effekt trifft naturgemäß auch den RX) in Abhängigkeit von der Antennenhöhe, die aus der senkrechten in Wellenlängen definierten Skala hervorgeht.

Wenn zum Beispiel ein 1-W-Sender mit einer Antenne in 5 λ Höhe 50 km überbrückt, so erfordert die gleiche Verbindung bei 1 λ Antennenhöhe etwa die fünffache Sendeleistung. Läßt

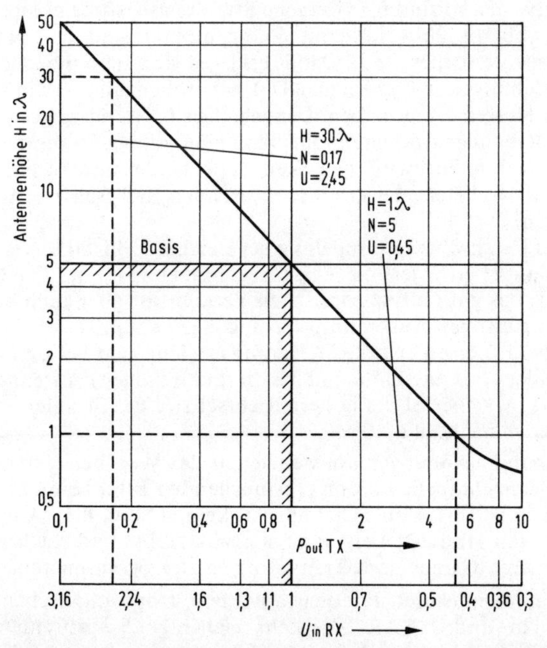

49 Effektive Sendeleistung und Empfangsspannung in Abhängigkeit von der Antennenhöhe in normierter Darstellung

sich die Antenne dagegen auf 30 λ „aufstocken", so kann die Sendeleistung auf 170 mW unter sonst gleichen Verhältnissen vermindert werden; 100 mW TX-Leistung ist allerdings der niedrigste praktikable Wert (Leitungs- und Anpassungsverluste im Antennenzweig).

Versuche haben gezeigt, daß 1 λ Antennenhöhe sogar die zehnfache Sendeleistung gegenüber 5 λ Höhe erfordert, im Diagramm zeigt sich das deutlich an der sich unten rechts aufbiegenden Kennlinie. Im Kfz-Betrieb sind Antennenhöhen um 2 m üblich, so daß man bei 2-m-Geräten 10 W TX-Leistung vorsehen sollte. Im 70-cm-Band sind die Verhältnisse naturgemäß günstiger.

Der Gewinn einer S-Stufe für eine bestimmte Verbindung erfordert Vervierfachung der Sendeleistung. Das kann man mittels mehr Antennenhöhe erreichen. Es ist aber schon ganz erheblich an Höhe zuzulegen, denn geht man zum Beispiel von 5 λ Höhe aus, so sind für vierfache Strahlungsleistung entsprechend Abb. 49 20 λ Höhe notwendig, und das sind im 2-m-Band 40 m anstatt vorher 10 m. Damit erklären sich auch manche Enttäuschungen, die zahlreiche OM mit Höhenzulagen von nur einigen Metern erlebt haben. Den gleichen Leistungsgewinn bei gleichbleibender Antennenhöhe kann man mit 6 dB (zusätzlichen) Antennengewinn bewirken; dabei ist der unter Umständen negative Effekt der erhöhten Antennen-Richtschärfe zu beachten.

Eine Reichweiteverdoppelung bei gleicher Feldstärke am Empfangsort erfordert die Versechzehnfachung (!) der Sendeleistung; das gilt für quasioptischen Verkehr, ist aber auch bei DX mit günstigen Ausbreitungsbedingungen einigermaßen zutreffend. Diese Leistungssteigerung erreicht man bei gleichbleibender Antennenhöhe mit 12 dB (zusätzlichen) Antennengewinn; auch hier ist die höhere Richtschärfe des Strahlers womöglich nachteilig.

Leistungserhöhungen um weniger als das Vier- beziehungsweise Sechzehnfache für den entsprechenden Effekt sind also praktisch wertlos. Und es hat absolut keinen Sinn, die PA bis zum letzten Milliwatt Leistung „hochzukitzeln" und solcherart den sicheren Garaus ihres Transistors vorzuprogrammieren.

Zusammenfassend: Für quasioptischen, troposphärischen, E_s-Schicht- und OSCAR-7-Verkehr reichen bei 5 λ Antennenhöhe 1 W TX-Leistung und ≦ 10 dB Antennengewinn aus. Für geringere Antennenhöhen bis herab zu 2 m sind bis zu 10 W bei gleichem Antennengewinn erforderlich; im quasioptischen Kfz-Verkehr mit rund 2 m Antennenhöhe genügt diese Leistung aber auch schon an einem $\lambda/4$- oder $\lambda 5/8$-Strahler. Für Super-DX benötigt man $\geqq$ 100 W TX-Leistung und $>$ 10 dB Antennengewinn und fast immer $\geqq 5\ \lambda$ Antennenhöhe. Daraus ergibt sich eine vorteilhafte Leistungsabstufung von 1 W - 10 W - $\geqq$ 100 W. - Vor einer Erhöhung der TX-Leistung sollte man zunächst überprüfen, ob sich die nötige Mehrleistung nicht auch mittels einer Antenne höheren Gewinns oder/und größerer Höhe herbeiführen läßt; die dann auch gleich dem RX zugute käme.

2.2.4 Nutzbare Empfänger-Empfindlichkeit

Hierbei geht es um die Mindestgröße der Signalspannung für hinreichendes Signal/Rauschverhältnis; nicht um die notwendige Verstärkung für eine bestimmte Nf-Ausgangsleistung. Wenn der Empfänger von einem Fachmann bedient wird, und OM sind Fachleute, ist ein Rauschabstand von 10 dB für Telefonie und 6 dB für Telegrafie bei ungestörten Signalen Mindestforderung. Nur beim EME-DX in sehr langsamer CW kann man auch mit 4 dB Rauschabstand zurecht kommen, vorausgesetzt, die Frequenz ist frei von anderen Signalen.

Empfindlichkeitsbestimmend ist nicht allein das Eigenrauschen des Eingangsverstärkers und manchmal auch des Mischers, sondern in bedeutendem Maße auch die Zf-Bandbreite, mit deren Abnahme die Empfindlichkeit zunimmt. Fehlen Angaben zur Zf-Bandbreite - bei Konvertern ist das naturgemäß immer der Fall -, so ist die Empfindlichkeits-Bewertung schwierig, mehrdeutig oder ganz und gar unmöglich. Deshalb kommt man immer mehr von der alleinigen Nennung einer Mindest-Signalspannung für ein bestimmtes Signal/Rauschverhältnis ab und gibt auch (oder nur) eine in dB ausgedrückte Rauschzahl an, mit der sich die Empfindlichkeit unabhängig von der Zf-Bandbreite bewerten läßt.

Für KW-Empfänger sind Rauschzahlen von $<$ 10 dB ohne nennenswerte praktische Bedeutung, denn Störungen technischer, atmosphärischer und extra-terrestischer Herkunft machen bessere Werte zunichte. Ganz anders sieht es dagegen auf den Ultrakurzwellen aus, wo alle Störungen durchweg schwächer ausfallen und Einflüsse technischer Ursache manchmal sogar ganz fehlen. Deshalb kommt es bei UKW-Empfängern auf geringstes Eigenrauschen an, und es sollte die kleinste für die jeweilige Modulationsart geeignete Zf-Bandbreite gefahren werden. Zudem ist die Dämpfung des Antennenkabels zu berücksichtigen, die eine Absenkung der Antennenspannung gegenüber der RX-Rauschspannung hervorruft.

Eine Übersicht der Verhältnisse läßt sich aus *Abb. 50* erarbeiten; das ist ganz einfach. Zur Erläuterung sei eine Modellrechnung durchgeführt. Fakten sind: 2-m-Amateurband, 10 m Kabellänge der Antennenzuführung, RX-Rauschzahl nach Herstellerangaben 2,5 dB und Zf-Bandbreite 2,4 kHz (für SSB).

Damit ergeben sich für externes Rauschen nach Diagramm *a* 2,5 dB (starker Rauscheinfluß) und für Kabeldämpfung nach Diagramm *b* 1,5 dB (feste Isolation). Die gefundenen Werte und die RX-Rauschzahl zählt man nun zusammen, also 2,5 + 1,5 + 2,5 = 6,5 dB, und erhält so die effektive Rauschzahl. Zu diesen 6,5 dB addiert man nun den erforderlichen Mindest-Signal/Rausch abstand von 10 dB für Telefonie, woraus sich ein endgültiger Rauschwert von 6,5 + 10 = 16,5 dB ergibt. Nun läßt sich anhand Diagramm *d* die tatsächlich erforderliche RX-Eingangsspannung an 50 . . . 60 Ω Antennenimpedanz für 10 dB Signal/Rauschabstand ermitteln, die sich im Zuge der gestrichelt gezeichneten Beispielkennlinie mit 0,16 μV einstellt. Der Hersteller nennt 0,11 μV, da er das externe Rauschen und die Kabeldämpfung naturgemäß nicht berücksichtigen kann. Gibt der Hersteller für sein Erzeugnis die Rauschzahl F an, so kann anhand der Skala *c* in dB umgerechnet werden.

In dieser Rechnung ist kein eventuell vorhandener Antennengewinn einbezogen worden, was auch nicht so ohne weiteres möglich ist. Durch den Antennengewinn wird ja nicht nur die Signalspannung angehoben, sondern auch die Spannung des externen Rauschens, so daß sich hier grundsätzlich keine - und allein entscheidende - Verbesserung des Signal/Rauschabstands einstellt. Dennoch wirkt sich der Antennengewinn empfindlichkeitsverbessernd aus, denn infolge der von der Antenne bewirkten Anhebung auch der Rauschspannung treten RX-Rauschen und Kabelverluste relativ mehr oder weniger zurück oder werden bei hohem Antennengewinn sogar zu praktisch unbedeutende Fakten degradiert. In der Empfangspraxis zeigt sich das derart, daß der an einer Gewinn bewirkenden Antenne betriebene RX im „Leerlauf", also ohne Signal, stärker rauscht als an einer Antenne ohne oder mit geringerem Gewinn. Trifft jedoch ein

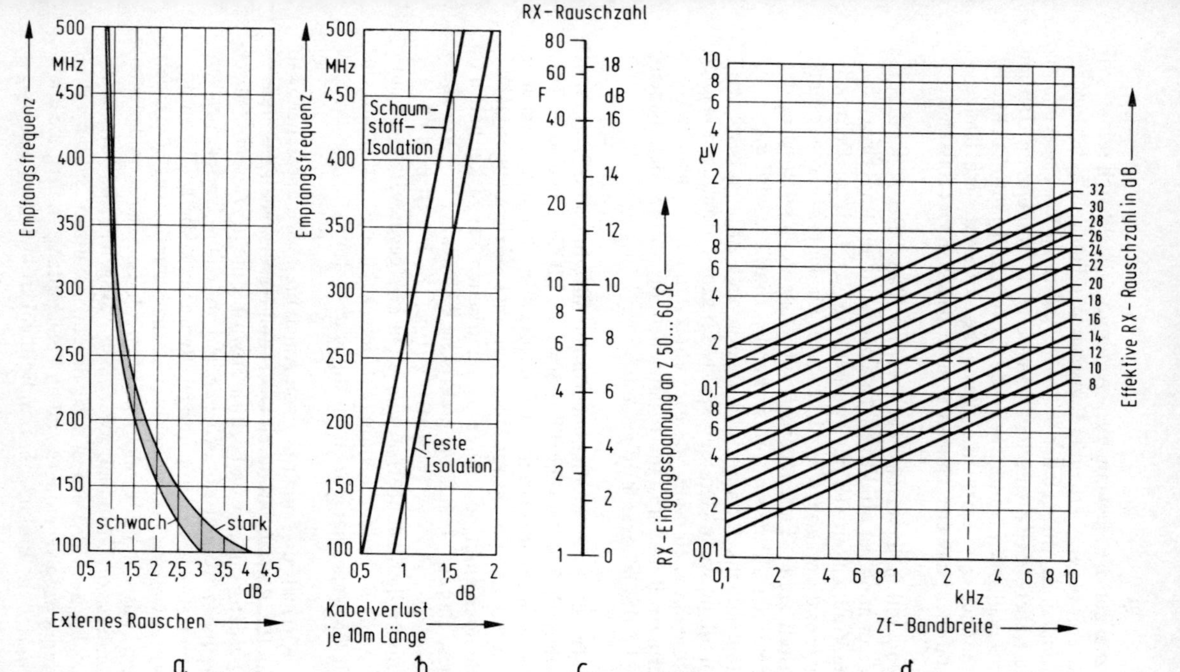

50 Diagramme zur Ermittlung der tatsächlichen Empfänger-Empfindlichkeit; Erläuterung im Text

Signal auf die „gewinnende“ Antenne, so stellt sich schnell ein besserer (oder überhaupt) Rauschabstand ein, als es bei einer einfacheren Antenne der Fall wäre; das reine RX-Rauschen und die Kabelverluste spielen ja keine so große Rolle mehr. Der mit Antennengewinn einhergehende Gewinn an Empfindlichkeit ist jedoch in so starkem Maße an die aktuellen Verhältnisse gebunden, daß er rechnerisch nicht pauschal zu erfassen ist.

Es soll nicht verschwiegen werden, daß dieses Schema zur Berechnung der effektiven, also der tatsächlich nutzbaren Empfindlichkeit viel mit Daumenpeilen zu tun hat. Dennoch zeigt es die wahren Verhältnisse mit für die Praxis vollkommen ausreichender Treffsicherheit auf. Ohne Berücksichtigung der von außen auf den RX einwirkenden Einflüsse wird die Empfindlichkeit nämlich häufig erheblich zu hoch bewertet, vor allem, wenn Geräteprospekte Eingangsspannungen nennen und dann auch noch, was garnicht selten ist, einen viel zu geringen Rauschabstand heranziehen; für SSB werden manchmal 6 dB, ja sogar 4 dB genannt.

Die kleinste mit amateurmäßigen Mitteln (Selbstbau) erreichbare reine RX-Rauschzahl ist etwa 2,5 dB für 2 m und 70 cm, und damit ist die Grenze des mit der konventionellen Schaltungstechnik überhaupt Möglichen auch so ziemlich erreicht. Die noch empfindlicheren parametrischen Verstärker haben für diese Bänder noch keine praktische Bedeutung, ihre Vorzüge treten erst ab etwa 1000 MHz zutage. Die höchstmögliche Empfindlichkeit überhaupt erreicht man gegenwärtig mit auf nahe dem absoluten Nullpunkt tiefgekühlten Verstärkern, eine für OM-Jedermann unerschwingliche Technik.

Oftmals und nicht nur von Amateuren wird übersehen, daß die RX-Rauschzahl durch Ober- und Nebenwellen des ersten Oszillators ungünstig beeinflußt wird. Eine „unsaubere“ Mischfrequenz ist nicht sinusförmig und mit einem Phasenrauschen behaftet, das sich zum übrigen Rauschen addiert. Ober- und Nebenwellendämpfung sollten deshalb mindestens 60 dB betragen, was sich nur erreichen läßt, wenn die Schaltung des Steuersenders von Grund auf zweckmäßig ausgelegt und aufgebaut ist; bei Synthesizern ist das garnicht so einfach. Saubere Mischfrequenzen verhindern zudem Fehlempfangsstellen, die eine zusätzliche Einbuße an Empfindlichkeit bedeuten würden.

2.3 Schaltungsbeispiele

2.3.1 2-m-SSB/FM-Transceiver SE-401

Dieses mit sehr guten Leistungen ausgestattete hochinteressante Gerät (Karl Braun, Nürnberg) ist in *Abb. 51* mit seinem Foto vorgestellt. Die sehr aufwendige Auslegung zeigt sich beim ersten Blick auf das Blockschaltbild *Abb. 52.*

Die mit kontinuierlicher Frequenzabstimmung und RIT-Zusatz für den RX ausgestattete Schaltung bietet beste DX-Möglichkeiten, vor allem in SSB. FM-Relaisverkehr kann mit einschaltbarem 600-kHz-Frequenzversatz zwischen TX und RX gefahren werden.

Hochinteressant ist die Frequenzabstimmung mittels eines sehr stabilen VFOs im Bereich 4 . . . 6 MHz, der über eine PLL-Schaltung den direkt auf der für TX und RX gemeinsamen Überlagerungsfrequenz im Bereich 133,3 . . . 135,3 MHz schwingenden VCO synchronisiert. Dieser Schaltungszug ist in *Abb. 53* ausführlich dargestellt.

Die digitale Frequenzanzeige mittels LEDs wird von der niedrigen VFO-Frequenz gesteuert und fällt somit vorteilhaft einfach aus. *Abb. 54* (S. 86) zeigt die Gesamtschaltung der Anzeige-Elektronik.

Abb. 55 (S. 88) ist die Schaltung des frequenzmodulierten TX-Zf-Oszillators für 10,7 MHz bei FM-Gleichwellenbetrieb, sowie eines weiteren Oszillators für 10,1 MHz, der im Relaisverkehr mit 600 kHz Frequenzversatz schwingt. Man beachte die VXO-

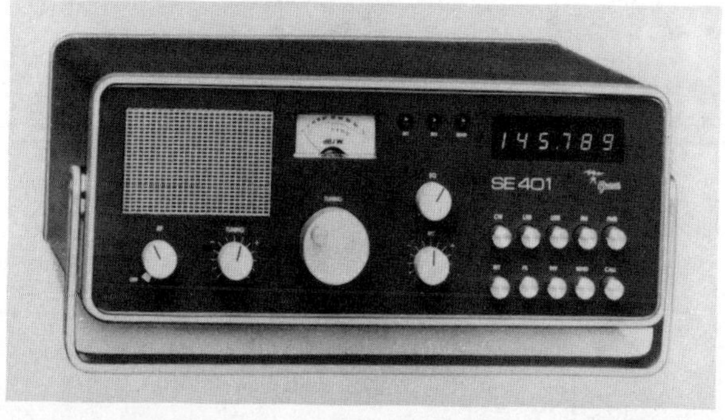

51 SSB/FM-Transceiver SE-401 für das 2-m-Band (Foto: Braun)

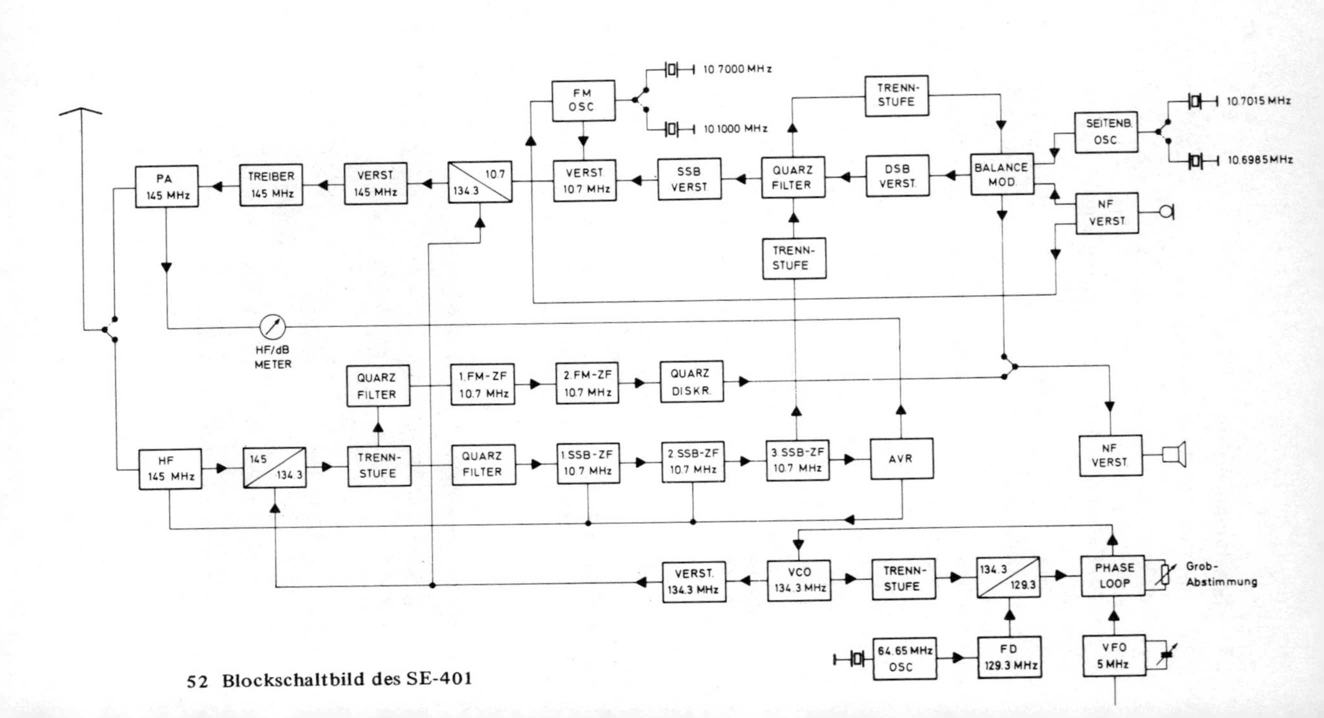

52 Blockschaltbild des SE-401

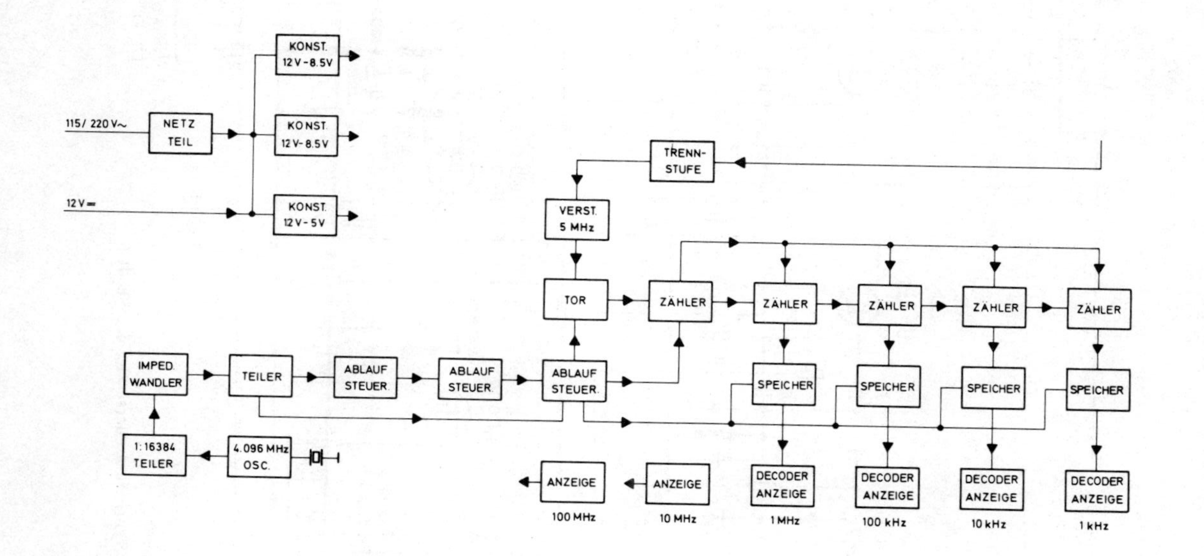
115/ 220 V~
12 V=
NETZ TEIL
KONST. 12 V - 8.5 V
KONST. 12 V - 8.5 V
KONST. 12 V - 5 V
TRENN-STUFE
VERST. 5 MHz
TOR
ZÄHLER
ZÄHLER
ZÄHLER
ZÄHLER
ZÄHLER
IMPED. WANDLER
TEILER
ABLAUF STEUER.
ABLAUF STEUER.
ABLAUF STEUER.
SPEICHER
SPEICHER
SPEICHER
SPEICHER
1:16384 TEILER
4.096 MHz OSC.
ANZEIGE
ANZEIGE
DECODER ANZEIGE
DECODER ANZEIGE
DECODER ANZEIGE
DECODER ANZEIGE
100 MHz
10 MHz
1 MHz
100 kHz
10 kHz
1 kHz

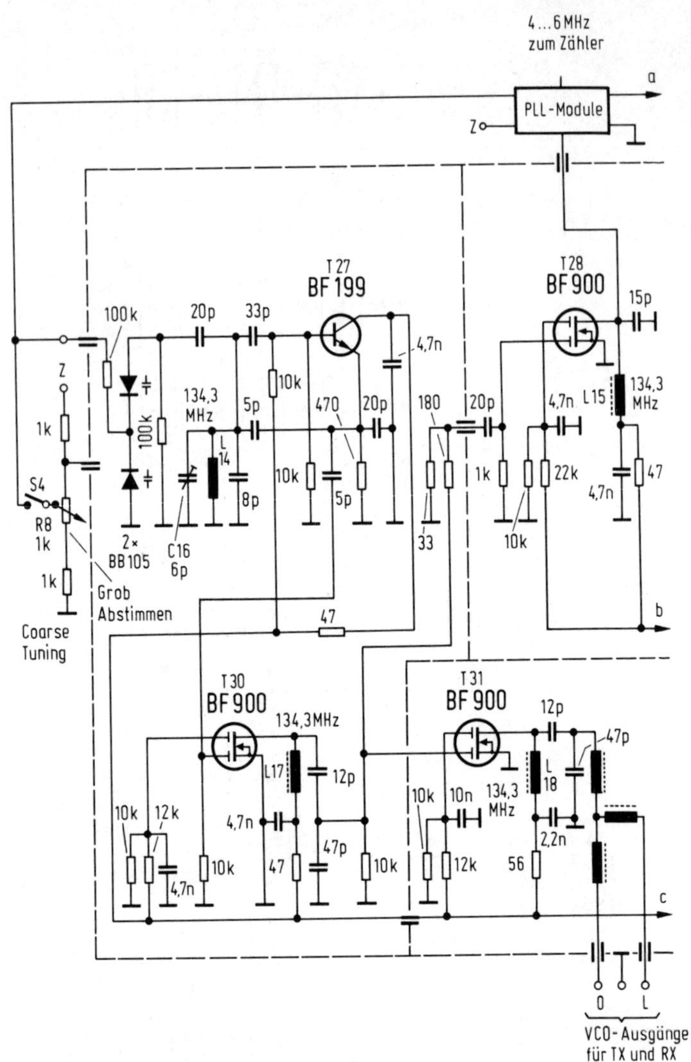

53 Der Synthese-Steuersender des SE-401

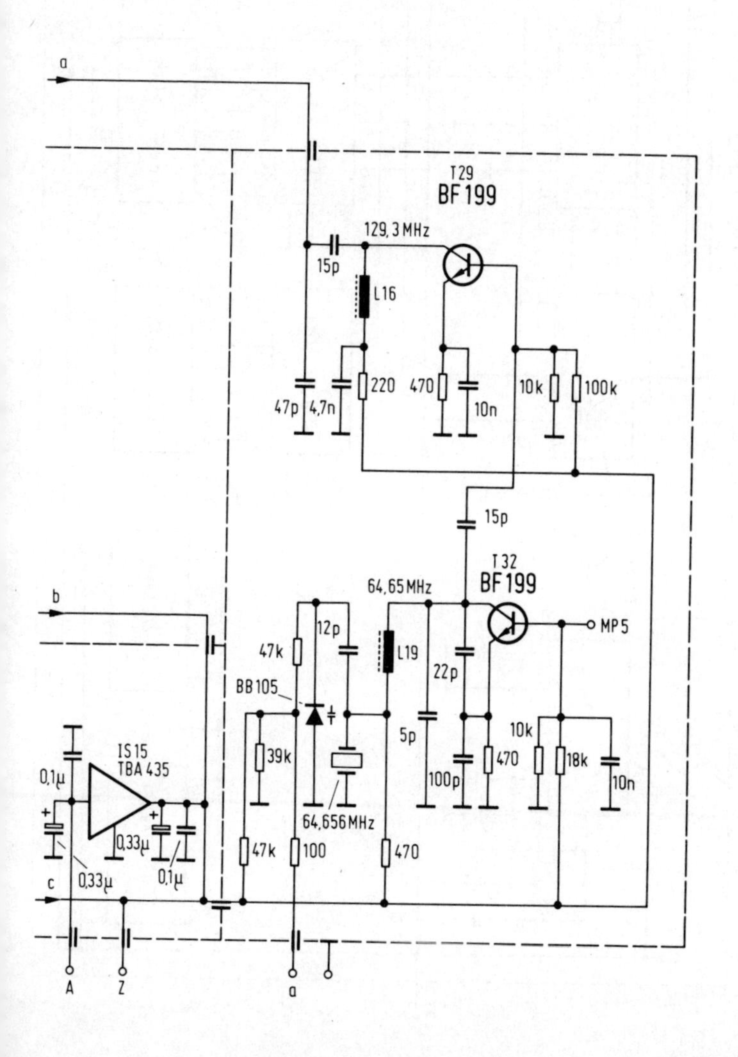
a
T29
BF199
129,3 MHz
15p
L16
47p
4,7n
220
470
10n
10k
100k
15p
T32
BF199
64,65 MHz
b
12p
47k
L19
MP5
BB105
22p
5p
10k
39k
IS15
TBA 435
100p
470
18k
10n
0,1µ
64,656 MHz
0,33µ
47k
100
470
0,33µ
0,1µ
c
A
Z
a

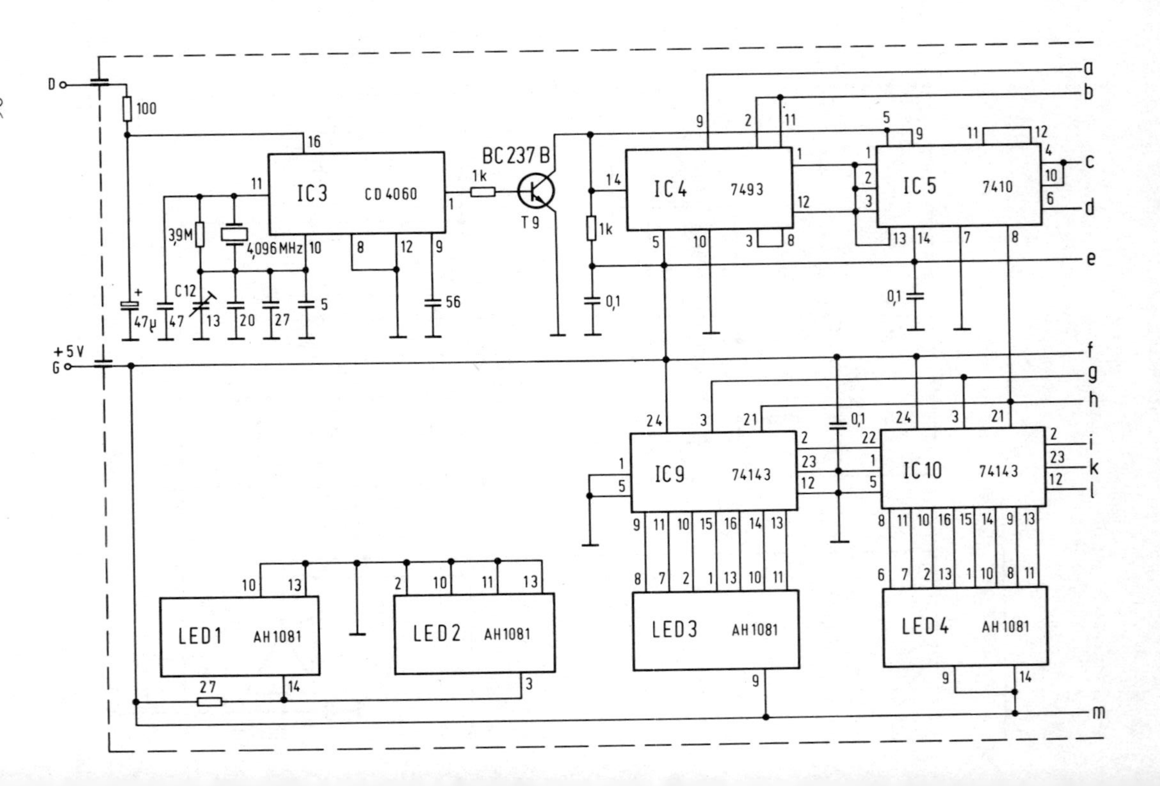
IC3 CD4060
IC4 7493
IC5 7410
IC9 74143
IC10 74143
LED1 AH1081
LED2 AH1081
LED3 AH1081
LED4 AH1081
BC237 B
T9
4,096 MHz
3,9M
C12
47µ
100
1k
+5 V
G
D
a
b
c
d
e
f
g
h
i
k
l
m

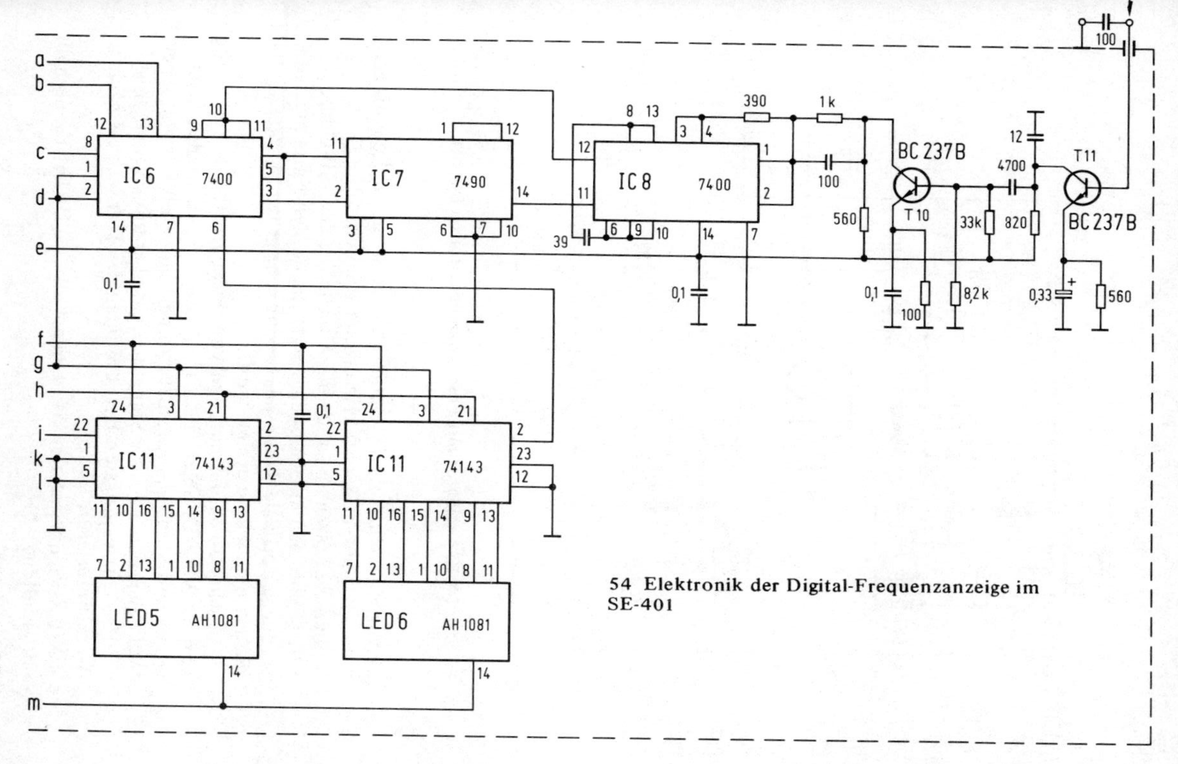

54 Elektronik der Digital-Frequenzanzeige im SE-401

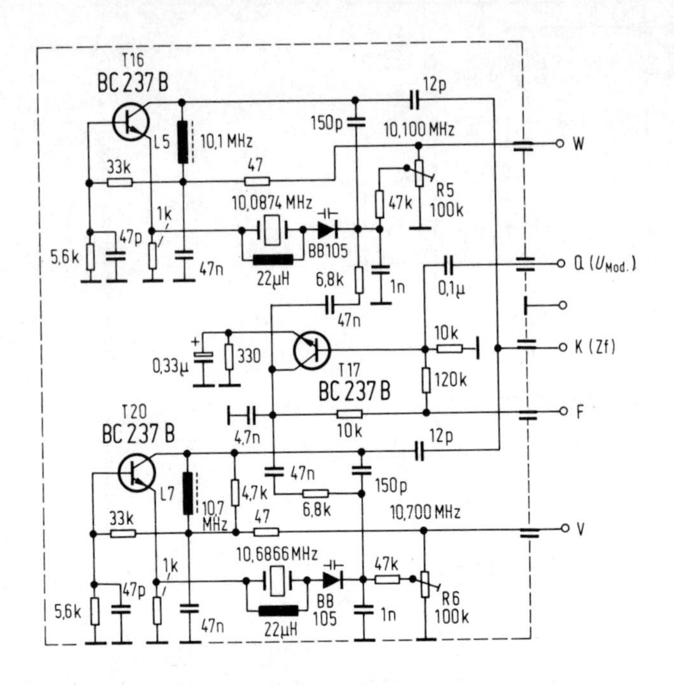

55 **Der TX-Zf-Oszillator mit Frequenzmodulator im SE-401**

Schaltung nach Abb. 43, denn schon an dieser Stelle muß der volle Frequenzhub $\leqq$ 10 kHz erzeugt werden.

Bemerkenswert ist auch die Anordnung der SSB-Quarzfilter (Abb. 52) mit Doppelausnutzung für den Empfangsteil, wodurch optimale Trennschärfe und sehr große Flankensteilheit der Durchlaßkurve erzielt wird.

In *Abb. 56* ist der durchgehend linear arbeitende Senderzug vom Zf/VHF-Umsetzer bis zur PA mit den zahlreichen Selektions- und Stabilisierungsmaßnahmen dargestellt; beachtlicher Aufwand, der für beste Signalqualität aber unumgänglich ist.

Hier die wichtigsten Betriebsdaten des Transceivers nach Werksunterlagen

TX/RX-Frequenzstabilität: weniger als 100 Hz Drift innerhalb 30 Minuten;

TX/RX-Digitalskala: Frequenzgenauigkeit 1 x 10^{-6}, Meßfolge 40 ms, Anzeige auf volle kHz;
TX-VHF-Leistung: 10 W PEP bei SSB, 1 . . . 10 W stufenlos einstellbar;
TX-FM-Hub: 2 . . . 10 kHz, einstellbar;
TX-SSB-Intermodulationsabstand: 27 dB bei 10 W PEP;
TX-SSB-Trägerunterdrückung: 50 dB;
TX-SSB-Seitenbandunterdrückung: ≧ 60 dB;
TX-Oberwellendämpfung: ≧ 60 dB;
TX-Nebenwellendämpfung: ≧ 70 dB;
TX-FM-Tonruf: 1750 Hz, einstellbar;
RX-SSB-Empfindlichkeit: 0,06 µV/10 dB Rauschabstand;
RX-FM-Empfindlichkeit: 0,16 µV/12 dB Rauschabstand;
RX-Rauschzahl: besser als 2,5 dB;
RX-Intermodulation (1 µV): -40 dBm;
RX-SSB-Bandbreite: 2,4 kHz/-3 dB, 6 kHz/-90 dB;
RX-FM-Bandbreite: 15 kHz/-3 dB, 40 kHz/-90 dB;
RX-Nf-Leistung: 2 Watt.

Abb. 57 zeigt das Innere des SE-401 von oben: Links oben die Elektronik der Digitalskala, darunter das Zf-Teil mit den Quarzfiltern und rechts das Senderteil (Abb. 56).

In *Abb. 58* sieht man das Geräteinnere von unten: In der Mitte die geschlossene Einheit des VFOs mit dem PLL-Modul, links daneben der VCO-Komplex (Abb. 53), unten links das Antennenrelais, rechts davon die Stromversorgung und rechts oben das Nf-Teil und verschiedene Hilfsschaltungen.

2.3.2 2-m-/70-cm-Linear-Transverter LT-270

Ein Beispiel hochwertiger 70-cm-Technik ist der in *Abb. 59* (S. 93) mit seinem Foto vorgestellte Transverter (Karl Braun, Nürnberg). Das Blockschaltbild ist in *Abb. 60* zu sehen.

Der Frequenzbereich 430 . . . 440 MHz ist in fünf quarzkontrollierte Bänder mit jeweils 2 MHz Bandbreite und für 144 . . . 146 MHz Anschlußfrequenz unterteilt; die Bänder lassen sich für TX und RX getrennt wählen. Die ganze Schaltung arbeitet linear und nimmt dementsprechend alle Modulationsarten an.

In der Schaltungstechnik ist vor allem das höchstempfindliche Empfangsteil interessant, das in *Abb. 61* (S. 96) vollständig dar-

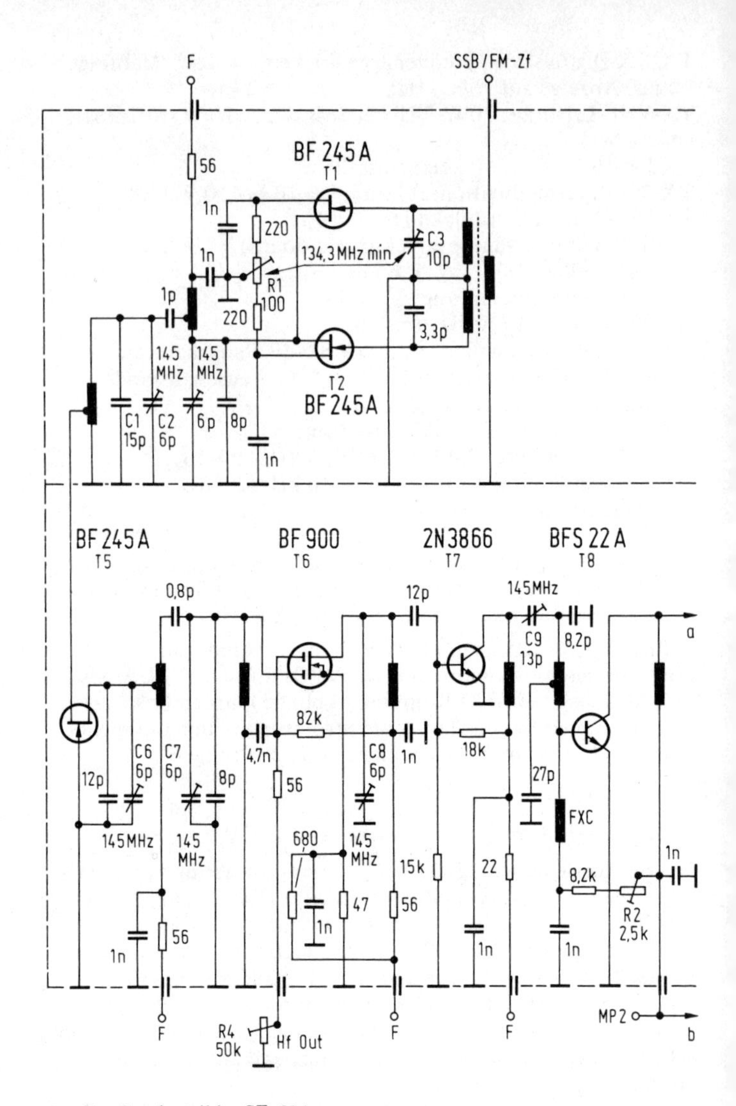

56 Das Senderteil im SE-401

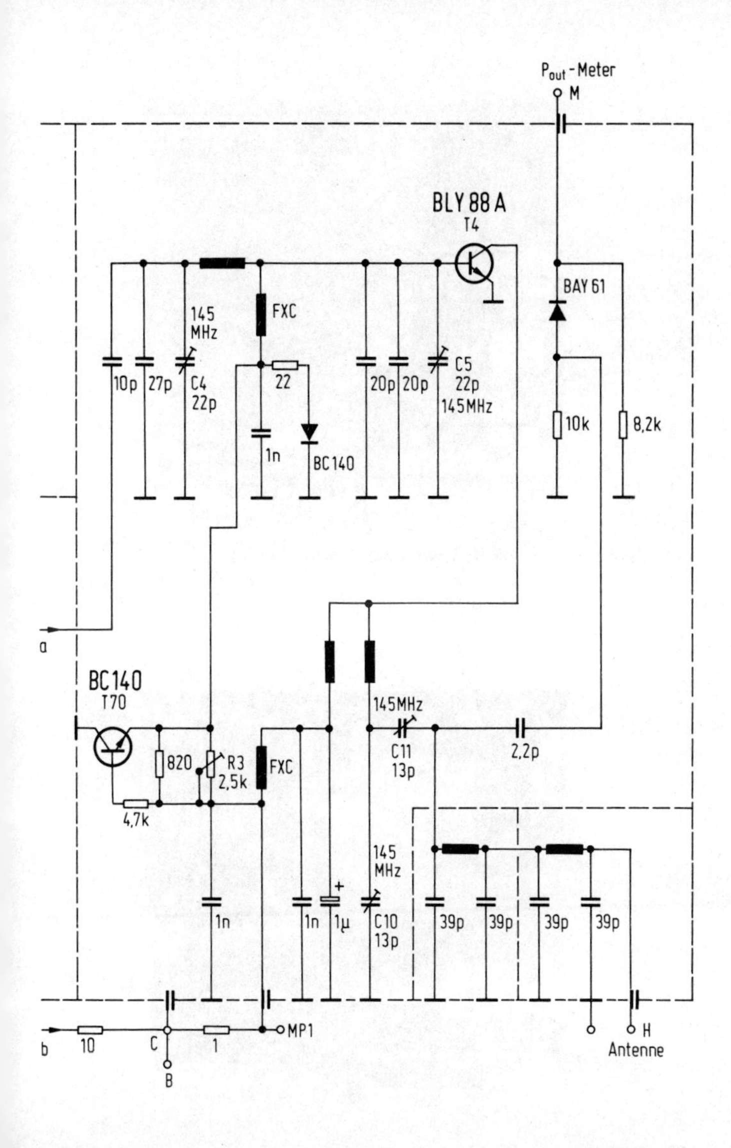

P$_{out}$-Meter
M
BLY 88 A
T4
BAY 61
145
MHz
FXC
10p
27p
C4
22p
22
20p
20p
C5
22p
145 MHz
10k
8,2k
1n
BC 140
a
BC 140
T70
145 MHz
820
R3
2,5k
FXC
C11
13p
2,2p
4,7k
145
MHz
1n
1n
1µ
C10
13p
39p
39p
39p
39p
b
10
C
1
MP1
B
H
Antenne

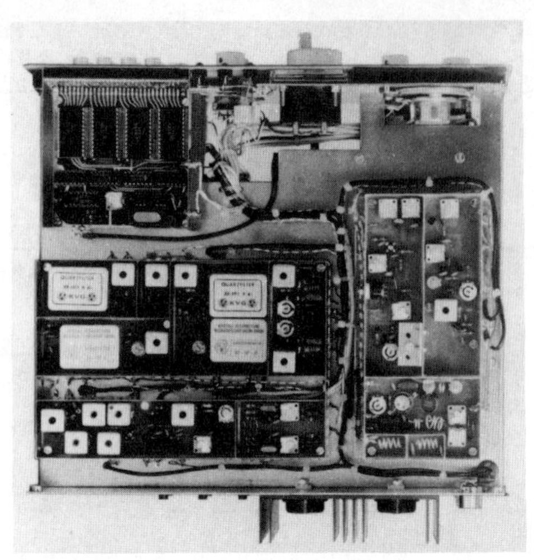

57 Das Innere des SE-401 von oben (Foto: Braun)

58 Das Innere des SE-401 von unten (Foto: Braun)

59 Der 2-m/70-cm-Linear-Transverter LT-270 (Foto: Braun)

gestellt ist; unter der Bezeichnung TC-430 wird es auch als Empfangskonverter gefertigt. Der UHF-Verstärker ist mit einem sehr rauscharmen bipolaren Hochstrom-Transistor und galvanisch versilberten Topfkreisen in Kammerbauweise ausgestattet.

Hier die wichtigsten Betriebsdaten des Transverters nach Werksunterlagen
TX-UHF-Leistung: 10 W PEP;
TX-VHF-Eingangsleistung: 1 . . . 30 W, einstellbar;
TX-SSB-Intermodulationsabstand: 27 dB bei 10 W PEP;
TX-Ober- und Nebenwellendämpfung: > 60 dB;
RX-Rauschzahl: 2,5 dB;
RX-Durchgangsverstärkung: 5 . . . 20 dB, einstellbar.

Im Sendebetrieb ist es im Interesse besten Intermodulationsabstands vorteilhaft, wenn man die Transverter-Steuerleistung über die Steuerleistung des 2-m-Senders einpegelt, denn der Steuersender wird im abgeregelten Zustand besseren Intermodulationsabstand haben als bei Volleistung. Nur wenn dann immer noch zu viel Steuerleistung vorhanden ist, sollte der Pegeleinsteller des Transverters zurückgedreht werden.

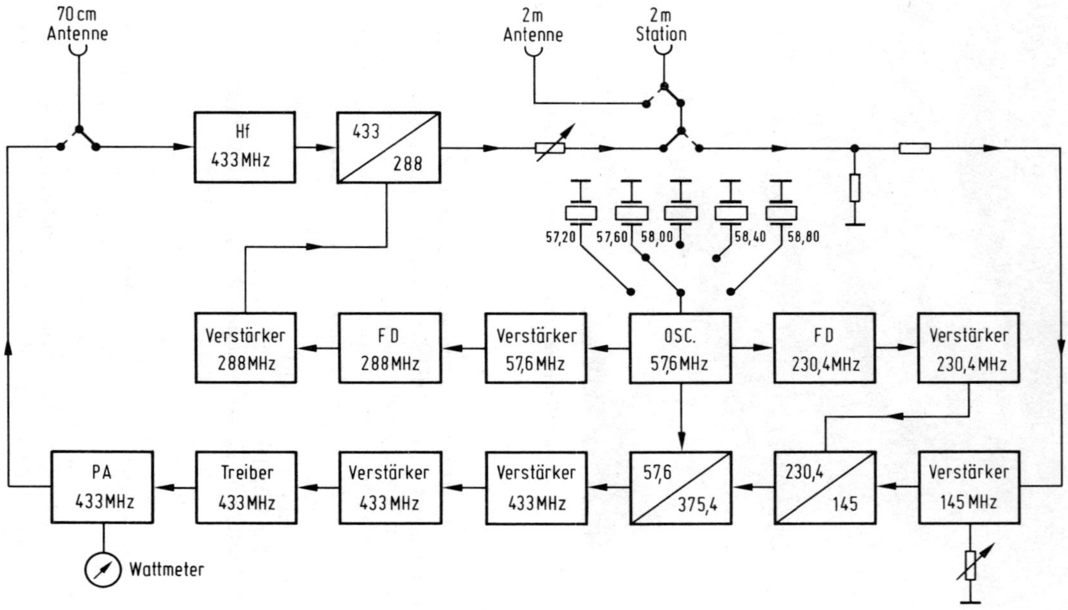

60 Blockschaltbild des Transverters LT-270

Beim Empfangsbetrieb hält man die Transverter-Durchgangsverstärkung so gering, daß das Rauschen des nachgeschalteten 2-m-Empfängers eben ohne Einfluß ist.

2.3.3 Empfangskonverter für 2 m, 70 cm und 23 cm

Zur Erweiterung von 10-m- und 2-m-Empfängern für die Bänder 2 m, 70 cm und 23 cm ist ein Satz Konverter der englischen Firma Microwave Modules gut geeignet. Diese quarzgesteuerten Umsetzer zeichnen sich durch ihr hermetisch dicht abgeschirmtes Metallgehäuse mit koaxialen Signalanschlüssen aus, wodurch die Oszillator-Streustrahlung extrem gering ausfällt und im nachgeschalteten Empfänger auch dann keine Störeffekte auftreten können, wenn die Einheiten zusammen mit dem RX in einem Gehäuse untergebracht sind.

Die 2-m-Ausführung MMC-144 ist für 28 . . . 30 MHz Zf ausgelegt, *Abb. 62* zeigt die Schaltung. Die Rauschzahl fällt mit 2,8 dB sehr günstig aus, Doppelgate-MOS-Feldeffekttransistoren in Vorverstärker und Mischer sorgen für hohe Signalverträglichkeit. Die Oszillatorfrequenz ist über einen gepufferten Ausgang auch für die Steuerung eines externen TX-Umsetzers greifbar.

Für den Bereich 432 . . . 434 MHz im 70-cm-Band ist der Typ MMC-432 bemessen, *Abb. 63* stellt die Schaltung vor. Die Zf kann wahlweise für 144 . . . 146 MHz oder 28 . . . 30 MHz ausgelegt werden, wozu lediglich ein entsprechender Steuerquarz eingesetzt werden muß. Die Rauschzahl liegt mit 3,8 dB nur wenig über dem erreichbaren Minimum.

Die Ausführung MMC-1296 ist für 1296 . . . 1298 MHz im 23-cm-Band dimensioniert, *Abb. 64* zeigt die Schaltung. Auch hier besteht die Wahlmöglichkeit zwischen 144 . . . 146 MHz oder 28 . . . 30 MHz Zf durch den Einsatz eines entsprechenden Steuerquarzes. Die Signalfrequenz erfährt keine Verstärkung, sondern gelangt direkt auf einen in Mikro-Stripline-Technik ausgelegten und mit Schottky-Dioden bestückten Balancemischer. In Verbindung mit dem nachgeschalteten sehr rauscharmen Zf-Verstärker stellt sich eine Rauschzahl von 8,5 dB ein, ein guter Wert bei noch mäßigem Aufwand; hierzu muß man auch berücksichtigen, daß sich auf diesen hohen Frequenzen Antennen mit sehr hohem Gewinn bei mäßigen räumlichen Ausmaßen einsetzen lassen. *Abb. 65* zeigt das Innere des Konverters mit der Stripline-Konfiguration des Mischkreises.

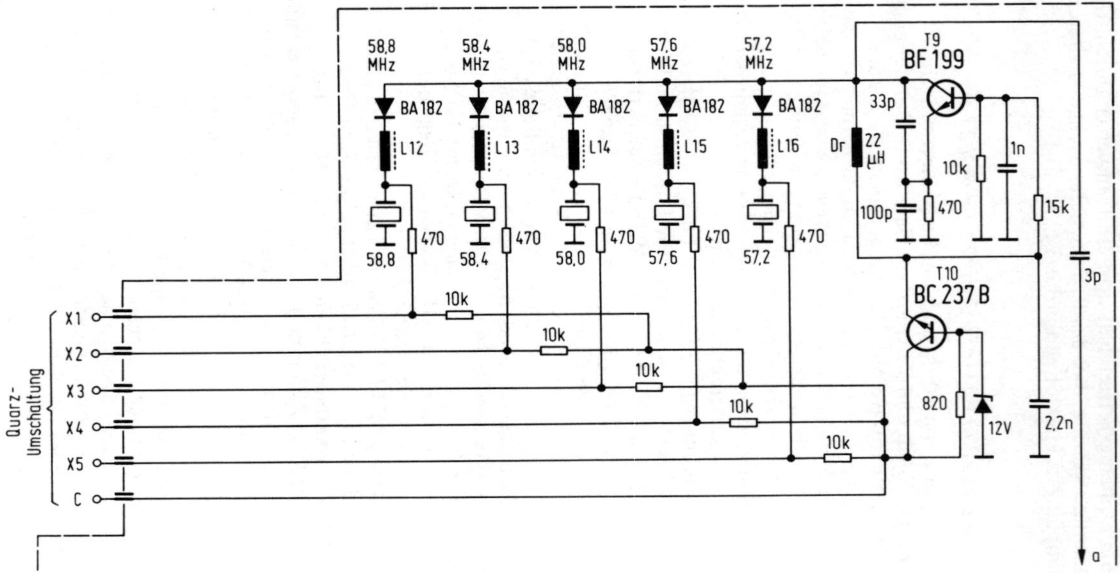

61 Empfangsschaltung und Umsetzer-Oszillator im Transverter LT-270

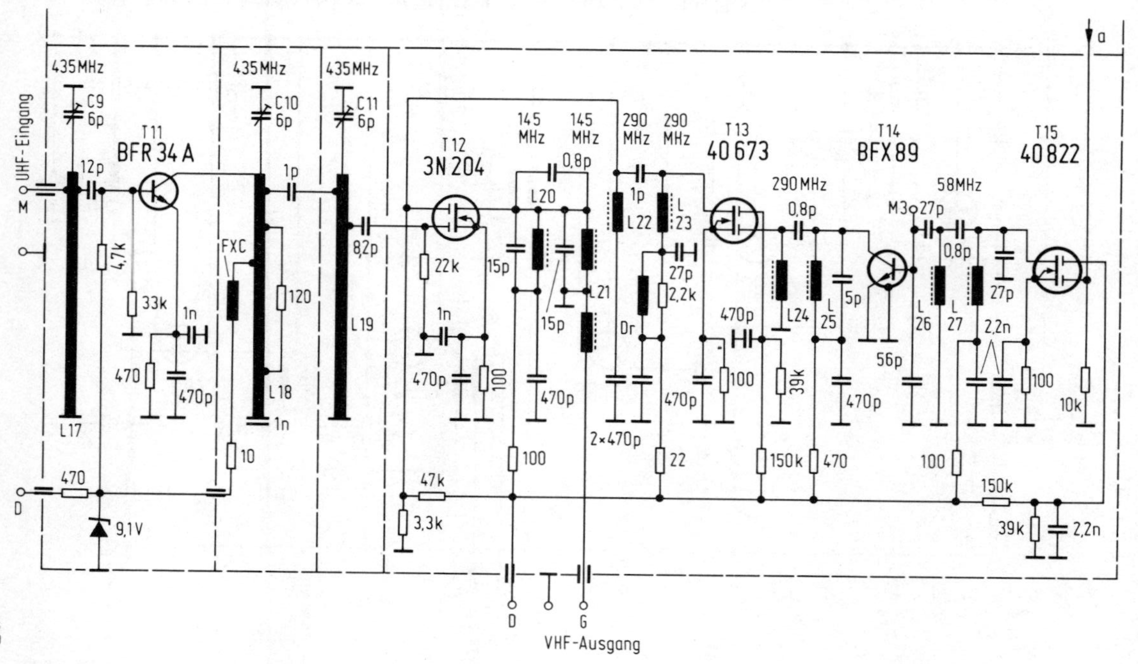

UHF-Eingang
M
D
435 MHz
C9 6p
T11 BFR 34 A
12p
4,7k
33k
1n
470
470p
L17
470
9,1V
435 MHz
C10 6p
FXC
120
L18
1n
10
1p
435 MHz
C11 6p
L19
8,2p
T12 3N 204
22k
1n
470p
100
47k
3,3k
145 MHz
145 MHz
0,8p
L20
15p
15p
L21
470p
100
290 MHz
290 MHz
1p
L22
L 23
27p
2,2k
Dr
2×470p
22
T13 40 673
470p
100
39k
150k
290 MHz
0,8p
L24
L 25
5p
470p
470
T14 BFX 89
56p
M3
27p
58 MHz
0,8p
L 26
L 27
27p
2,2n
100
100
T15 40 822
10k
150k
39k
2,2n
a
D
G
VHF-Ausgang

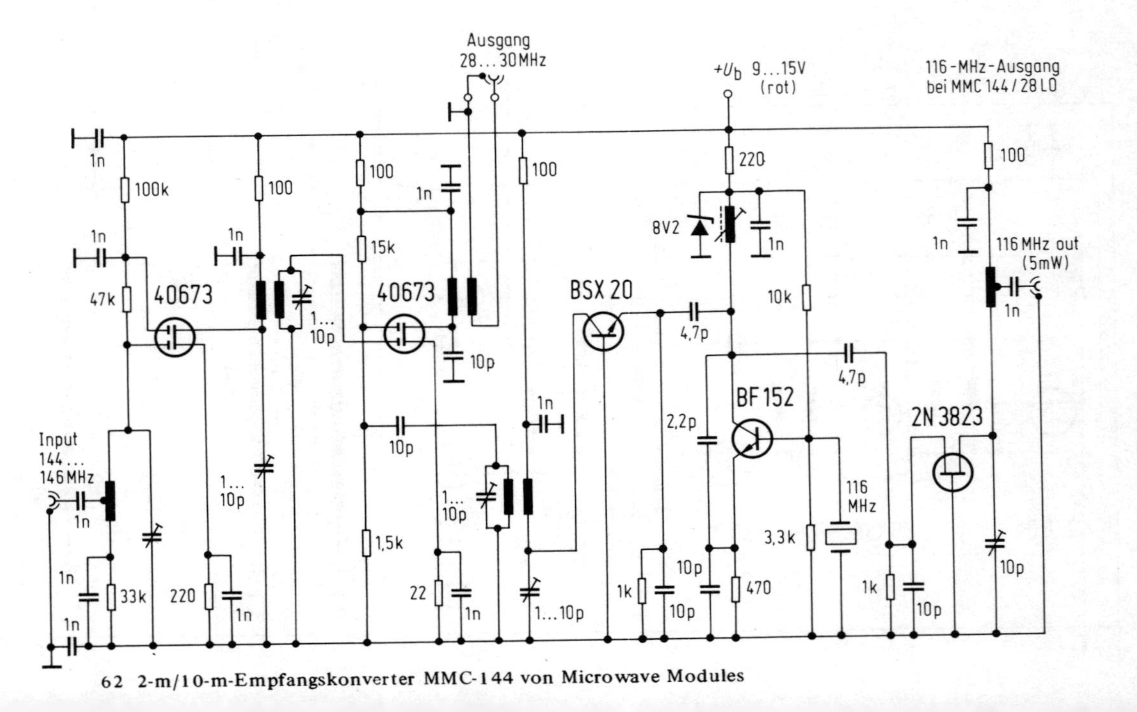

62 2-m/10-m-Empfangskonverter MMC-144 von Microwave Modules

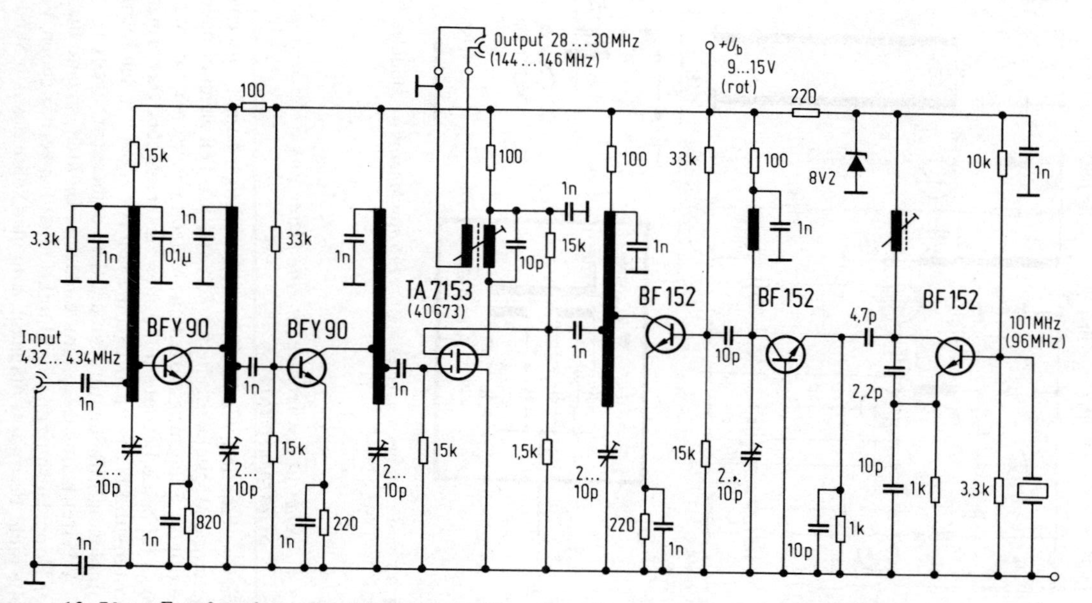

63 70-cm-Empfangskonverter MMC-432 von Microwave Modules für 2 m oder 10 m Zf

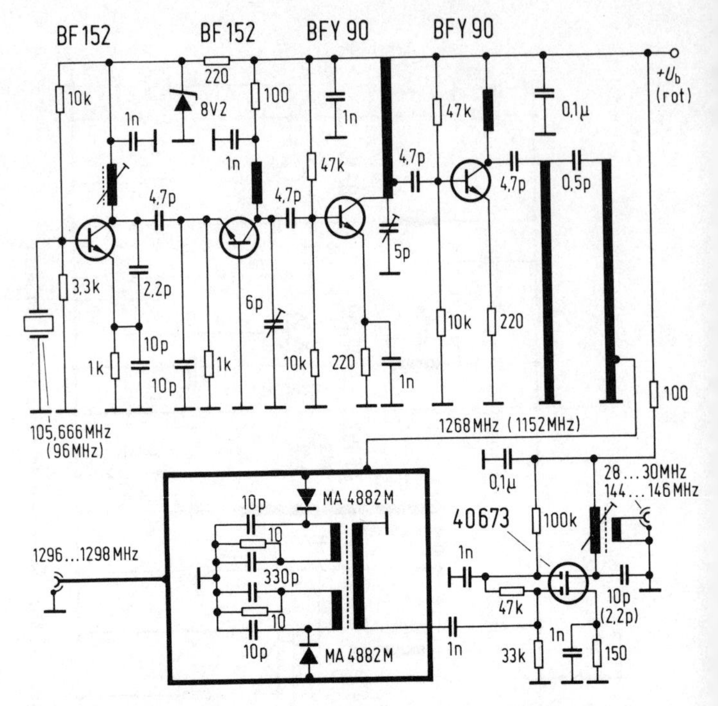

64 23-cm-Empfangskonverter MMC-1296 von Microwave Modules für 2 m oder 10 m Zf

2.3.4 Schaltungsvorschlag für eine kleine 2-m-FM/CW-Selbstbaustation

Die Kombination von Sender und Empfänger zum Transceiver bietet die Möglichkeit, die für TX- und RX-Teil gleichermaßen benötigten Schaltungsstufen nur einfach vorzusehen und wechselweise für beide Betriebsfunktionen zu verwenden. Das bringt Kosten- und Platzersparnisse, die sich vor allem bei den recht komplexen SSB-Schaltungen deutlich bemerkbar machen.

Arbeitet man dagegen mit einfachen Geräten, so sind die mit der Doppelausnutzung von Funktionsstufen verbundenen Vorteile nicht besonders prägnant, und man sollte deshalb Sender

65 Der 23-cm-Empfangskonverter MMC-1296 (Foto: Microwave Modules)

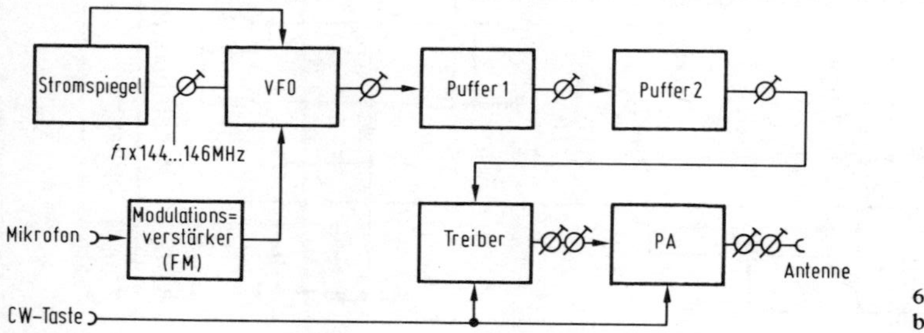

66 Blockschaltbild des 2-m-Selbstbausenders

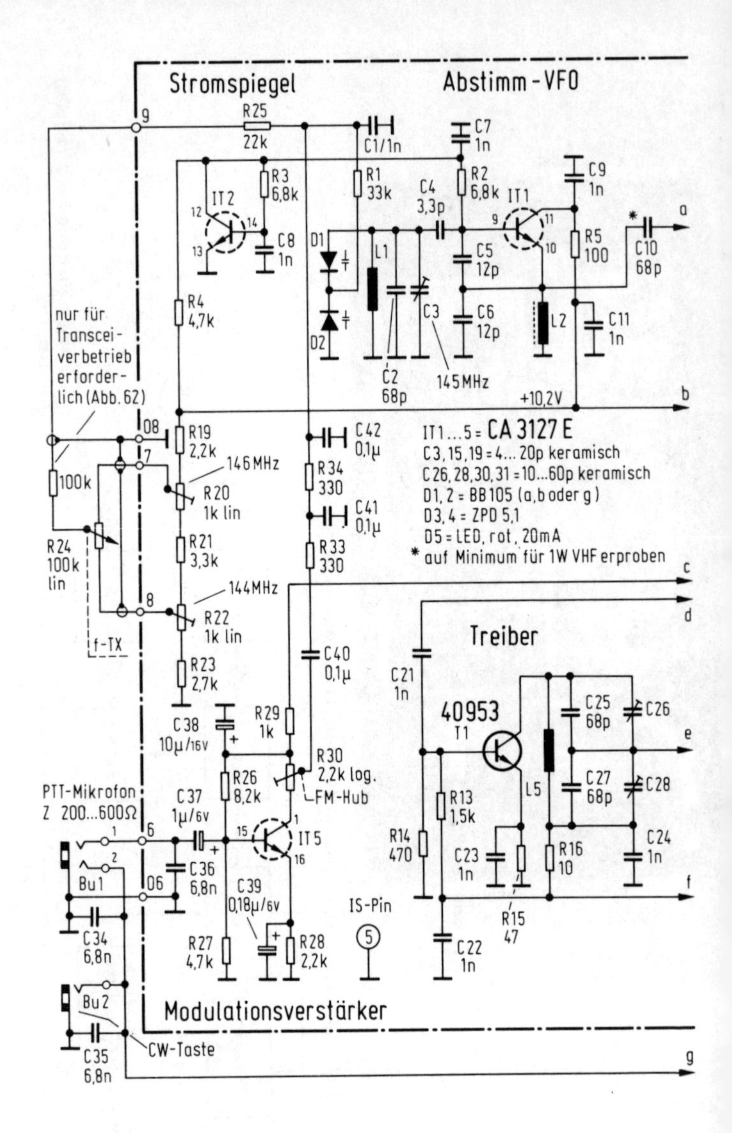

67 Gesamtschaltung des 2-m-Selbstbausenders

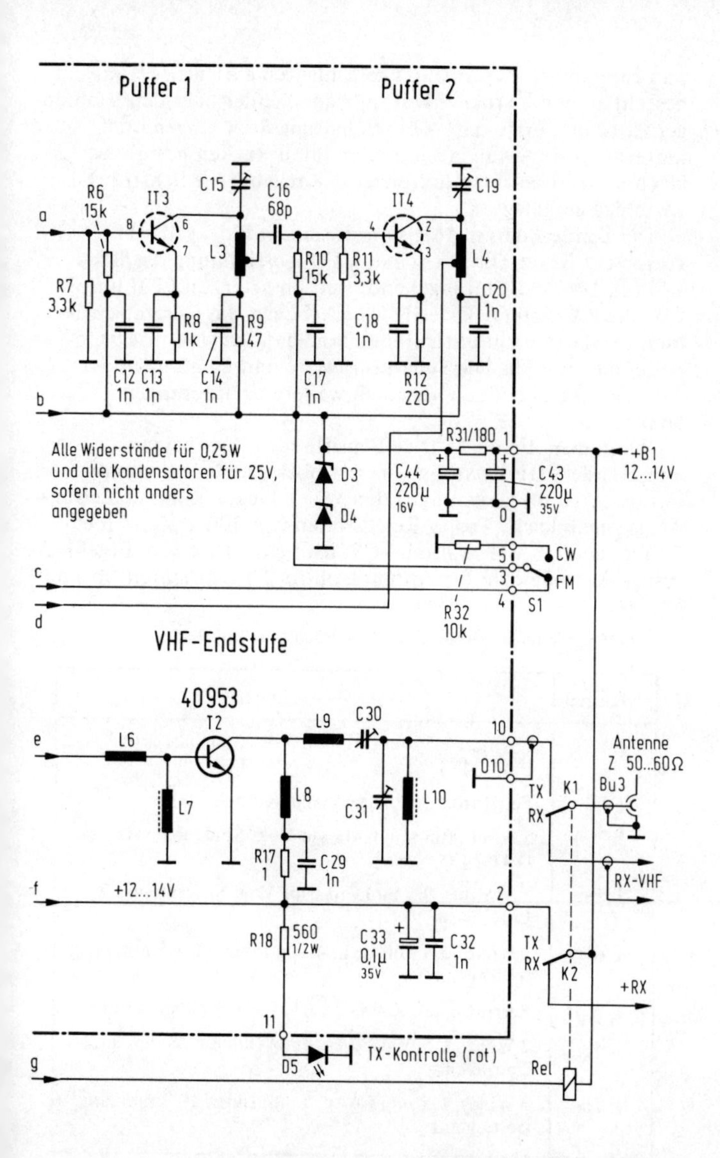
Puffer 1
Puffer 2
a
R6
15k
IT3
8
6
7
R7
3,3k
R8
1k
C12
1n
C13
1n
C15
L3
C14
1n
R9
47
C16
68p
R10
15k
R11
3,3k
C17
1n
IT4
4
2
3
C19
L4
C18
1n
R12
220
C20
1n
b
Alle Widerstände für 0,25W
und alle Kondensatoren für 25V,
sofern nicht anders
angegeben
D3
D4
R31/180
C44
220µ
16V
C43
220µ
35V
1
0
+B1
12...14V
5
3
4
CW
FM
S1
R32
10k
c
d
VHF-Endstufe
40953
T2
e
L6
L7
L8
L9
C30
C31
L10
10
010
R17
1
C29
1n
Antenne
Z 50...60Ω
TX
K1
Bu3
RX
RX-VHF
f
+12...14V
2
R18
560
1/2W
C33
0,1µ
35V
C32
1n
TX
RX
K2
+RX
11
D5
TX-Kontrolle (rot)
g
Rel

und Empfänger als selbständige Einheiten auslegen. Damit besteht auch die Möglichkeit, nur den Sender oder den Empfänger zu bauen, ohne daß vorab Schaltungsänderungen und hinterdrein Experimente mit allen ihren Risiken nötig sind. Nach diesen Gesichtspunkten ist der angebotene Schaltungsvorschlag ausgelegt.

Der Sender, der in *Abb. 66* mit seinem Blockschaltbild vorgestellt ist, erfaßt mit seiner VFO-Abstimmung das Band 144 . . . 146 MHz durchgehend. Betriebsarten sind FM und CW, die PA leistet 1 W VHF. *Abb. 67* zeigt das Gesamtschaltbild, die darin nicht enthaltenen Spulendaten sind in *Abb. 68* zusammengestellt. Die Schaltungsweise und damit auch der Aufbau sind so einfach, daß sich weitere Erläuterungen erübrigen.

Wenn man die für heutige Begriffe recht bescheiden anmutende VHF-Leistung von 1 W über eine Richtantenne mit 6 . . . 10 dB Gewinn auf den Weg schickt, lassen sich erfahrungsgemäß leicht Tropo-Reichweiten von 300 km und mehr fahren, auch in FM, während CW häufig noch bessere Ergebnisse bringt. Vermag man die Antenne optimal auszurichten, so sind

Abb. 68. Dimensionierung der Spulenbauteile im Sender

Bauteil	Ausführung
L 1	2 Wind., 0,5 mm CuL, auf Vogt-Spulenbausatz D 41-2438
L 2	Ferritdrossel, 4,7 μH, handelsüblich
L 3, 4	5 Wind., 0,5 mm CuL, auf Vogt-Spulenbausatz D 41-2438
L 5	3,5 Wind., 0,5 mm CuL, auf Vogt-Spulenbausatz D 41-2438
L 6	2 Wind., 0,5 mm CuL, 4 mm Innen-Ø, 4,5 mm lang, freitragend
L 7, 10	Ferritdrossel, Z = 470 Ω/150 MHz, handelsüblich
L 8	2 Wind., 1,5 mm CuAg, 6mm Innen-Ø, 8 mm lang, freitragend
L 9	3 Wind., 1,5 mm CuAg, 9 mm Innen-Ø, 9 mm lang, freitragend

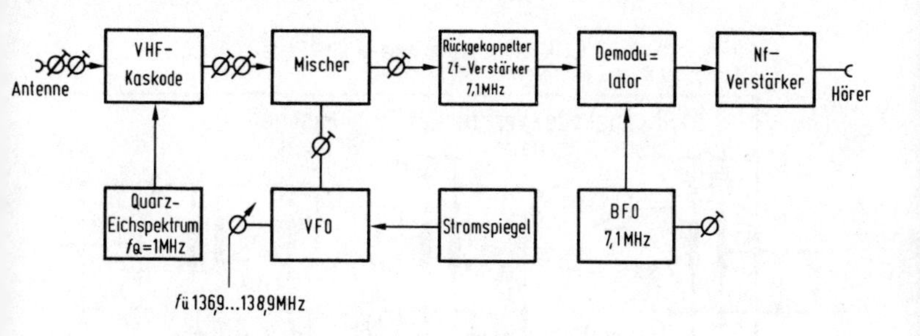

69 **Blockschaltbild des 2-m-Selbstbauempfängers**

auch OSCAR-7-Verbindungen mit beiden Betriebsarten möglich. Der quasioptische Bereich läßt sich sogar mit einem einfachen Dipol voll „ausleuchten", auch wenn es einige Hundert Kilometer bis zum Funkhorizont sind. Die Antenne muß für diese Reichweiten jedoch $\geqq 5\ \lambda$ Höhe über dem Erdboden haben, in 2.2.3 ist das näher begründet.

Abb. 69 zeigt das Blockschaltbild des Empfängers, in *Abb. 70* ist die Gesamtschaltung dargestellt und *Abb. 71* liefert Angaben zur Spulendimensionierung. Auch dieser Komplex ist so einfach, daß sich eine weitere Erläuterung erübrigt.

Die reine RX-Rauschzahl fällt mit 3,9 dB recht günstig aus. In Verbindung mit der Zf-Bandbreite von 10 . . . 15 kHz/-3 dB ergibt sich daraus eine nutzbare Empfindlichkeit (siehe 2.2.4) von 0,5 . . . 0,6 µV/10 dB, was für die im Zusammenhang mit dem Sender genannten Übertragungsarten vollkommen ausreicht.

TX und RX werden anhand *Abb. 72* zum Transceiver zusammengeschaltet. Die beiden VFO, ihr Stromspiegel und die Puffer sind dann ständig eingeschaltet, womit eine Minderung der Frequenzstabilität bei der TX/RX-Umschaltung verhindert wird.

Bei Empfang sind die Abstimmdioden des TX-VFOs mit der Betriebsspannung +RX beaufschlagt, so daß die TX-Frequenz dann weit oberhalb des 2-m-Bandes geschoben ist und den Empfänger nicht zustopfen kann. Die Frequenzverschiebung erfolgt zwangsläufig über den Kontaktsatz K 2 des Sende/Empfangsrelais (Abb. 67) und den Schalter S 101a.

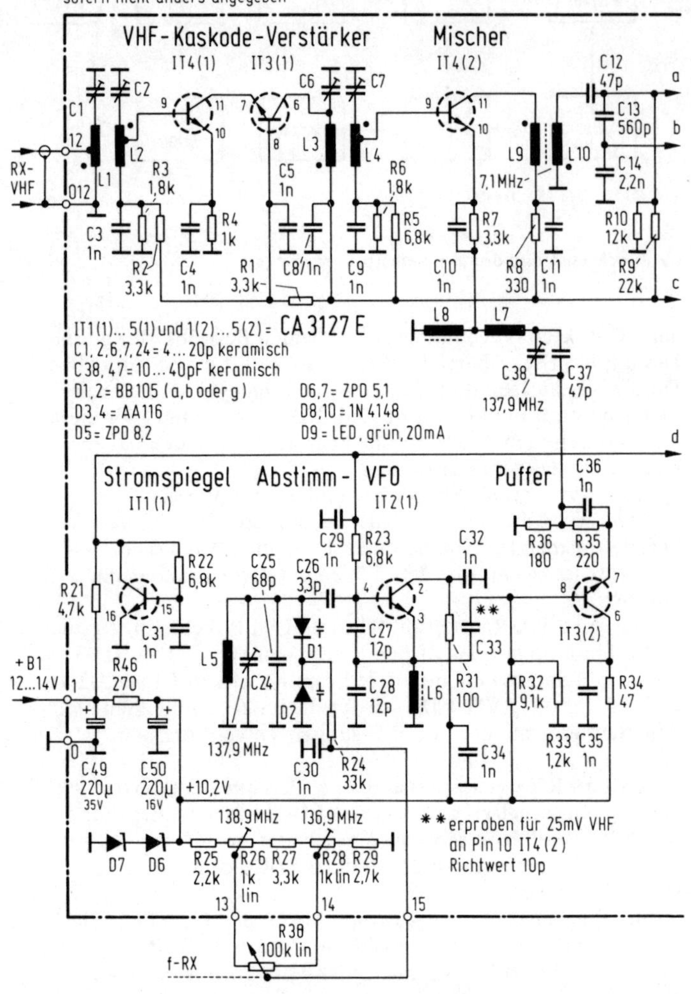

70 Gesamtschaltung des 2-m-Selbstbauempfängers

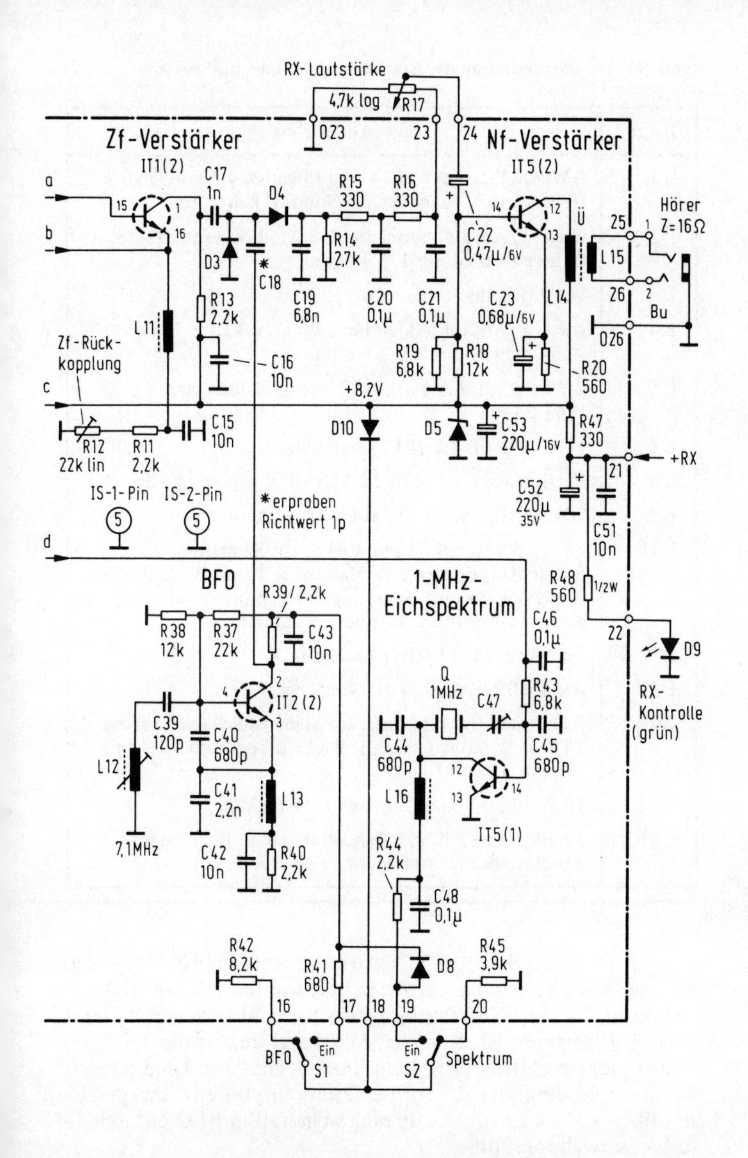

RX-Lautstärke
4,7k log
R17
023
23
24
Zf-Verstärker
Nf-Verstärker
IT1(2)
C17
1n
D4
R15
330
R16
330
IT5(2)
Hörer
Z=16Ω
a
b
c
d
D3
C18
R14
2,7k
C19
6,8n
C20
0,1µ
C21
0,1µ
C22
0,47µ/6V
L15
L14
25
26
Bu
026
R13
2,2k
L11
C23
0,68µ/6V
Zf-Rück-
kopplung
C16
10n
R19
6,8k
R18
12k
R20
560
+8,2V
C15
10n
D10
D5
C53
220µ/16V
R47
330
+RX
R12
22k lin
R11
2,2k
21
C52
220µ
35V
IS-1-Pin
IS-2-Pin
*erproben
Richtwert 1p
C51
10n
BFO
1-MHz-
Eichspektrum
R48
560
1/2W
R39/2,2k
C46
0,1µ
22
D9
R38
12k
R37
22k
C43
10n
Q
1MHz
R43
6,8k
RX-
Kontrolle
(grün)
IT2(2)
C47
C39
120p
C40
680p
C44
680p
C45
680p
L12
C41
2,2n
L13
L16
IT5(1)
7,1MHz
C42
10n
R40
2,2k
R44
2,2k
C48
0,1µ
R42
8,2k
R41
680
D8
R45
3,9k
16
17
18
19
20
Ein
BFO
S1
S2
Spektrum

Abb. 71. Dimensionierung der Spulenbauteile im Empfänger

Bauteil	Ausführung
L 1	5 Wind., 0,5 mm CuL, 4 mm Innen-Ø, 4,5 mm lang, freitragend, Anzapf bei 0,5 Wind. v. kalten Ende
L 2	wie L 1, Anzapf jedoch bei 1,5 Wind. v. kalten Ende; Achsenabstand mit L 1 = 6 mm
L 3	Wie L 1, jedoch ohne Anzapf
L 4	wie L 1, Anzapf jedoch bei 2 Wind. v. kalten Ende; Achsenabstand mit L 3 = 6 mm
L 5, 7	2 Wind., 0,5 mm CuL, auf Vogt-Spulenbausatz D 41-2438
L 6	Ferritdrossel, 4,7 μH , handelsüblich
L 8	Ferritdrossel, Z = 470 Ω/150 MHz, handelsüblich
L 9	3 Wind., 0,1 mm CuL, auf L 10 wickeln
L 10	15 Wind., 20 x 0,05 mm CuLS, auf Siemens-Schalenkernsatz 14 x 8, Material K 1, mit Wickelkörper, Abgleichkern und Halterung; Wickelkörper auf 10 mm Ø auswickeln, dann L 10 und L 9 aufbringen
L 11, 13	Ferritdrossel, 47 μH, handelsüblich
L 12	wie L 10, jedoch nur 10 Windungen
L 14	250 Wind., 0,1 mm CuL, auf Siemens-Schalenkernsatz 14 x 8, Material T 38, mit Wickelkörper und Halterung; stramm wickeln!
L 15	19 Wind., 0,1 mm CuL, auf L 14 wickeln
L 16	Ferritdrossel 2,2 mH, handelsüblich; muß in einem Abschirmbecher untergebracht werden!

Legt man den Schalter S 101 um, so sind die TX-Vorstufen und der RX gleichzeitig eingeschaltet, während die Betriebsspannung für die TX-Leistungstransistoren über den Schalter S 101b abgetrennt ist. In dieser Schaltstellung ist die TX-Frequenz nicht geshiftet. Nun kann man Sende- und Empfangsfrequenz miteinander synchronisieren (einpfeifen). Das geschieht mit über S 101a zwangsläufig eingeschaltetem BFO auf akustisches Schwebungsnull.

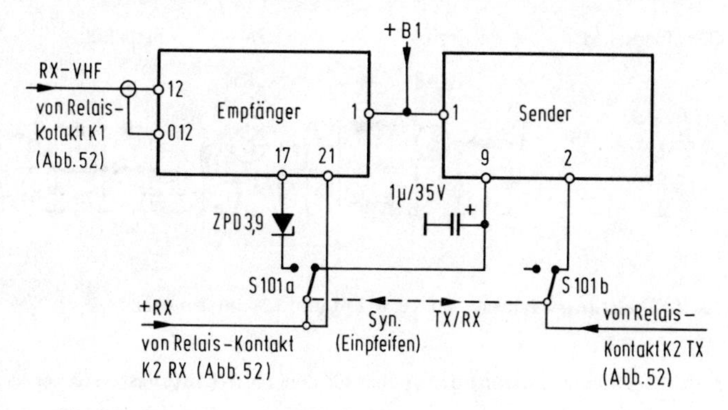

72 **Zusammenschaltung von TX und RX zum Transceiver**

Die Schaltungen sind für eine eigene Batterie-Stromversorgung vorgesehen. Der Betrieb am Kfz- oder Lichtnetz ist möglich, wenn für sehr gute Impuls- beziehungsweise Brummsiebung gesorgt ist; auch gelegentliche Störspannungen dürfen 1 mV nicht überschreiten, sonst schlagen sie auf Modulation und Abstimmspannung durch und verursachen verbrummte und unstabile Signale.

Da die Versorgungsspannung beider Schaltungen aus Stabilitätsgründen nicht unter 11,5 V gefahren werden sollte, ist der Betrieb aus einem wiederaufladbaren Akkusatz mit 13,5 V Anschlußspannung letztlich die vorteilhafteste, wenn auch in der Anschaffung teuerste Lösung. Die absolute und zwischen TX und RX unabhängige Frequenzflexibilität und die damit verbundenen ausgezeichneten DX-Eigenschaften sollten das wert sein.

2.3.5 2-m-Selbstbau-PA für 10 W FM und CW

Als „Nachbrenner" für 2-m-Kleinsender mit 0,15 . . . 1 W Ausgangsleistung eignet die Schaltung *Abb. 73,* die etwa 10 W VHF liefert. Sie arbeitet nichtlinear im C-Betrieb und kann deshalb nur für FM und CW verwendet werden.

Das Dämpfungsglied am Verstärkereingang setzt zu hohe Steuerleistung herab. Die Dimensionierung im Schaltbild ist für > 0,7 . . . 2 W Eingangsleistung ausgelegt und kommt somit auch in Verbindung mit dem in Abb. 67 gezeigten Kleinsender in Betracht. Für > 0,3 . . . 0,7 W Steuerleistung muß es ent-

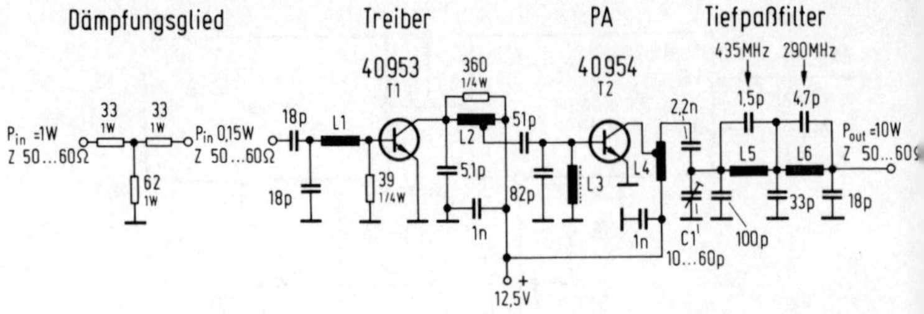

73 TX-Leistungsverstärker für 10 W FM und CW im 2-m-Band

Abb. 74. Dimensionierung der Spulen für den 10-W-Leistungsverstärker

Bauteil	Ausführung
L 1	2 Wind., 0,8 mm CuAg, 5 mm Innen-Ø, 3,5 mm lang
L 2	4 Wind., 1 mm CuAg, 4 mm Innen-Ø, 8 mm lang, Anzapf 0,5 Wind. v. kalten Ende
L 3	Ferritdrossel, Z 470 Ω/Ø150 MHz
L 4	8 Wind., 1 mm CuAg, 4 mm Innen-Ø, 14 mm lang, Anzapf 7 Wind. v. kalten Ende
L 5, 6	6 Wind., 0,8 mm CuAg, 5 mm Innen-Ø, 15 mm lang

sprechend umdimensioniert werden. Fällt die Eingangsleistung ≦ 0,3 W aus, so benötigt man das T-Glied nicht. Mit weniger als 0,15 W Steuerleistung fällt die PA-Leistung ab.

Das Tiefpaßfilter im Kollektorzweig der PA unterdrückt die Harmonischen der Signalfrequenz. Es ist nach Cauer-Parametern ausgelegt und hat Dämpfungspole für 290 MHz und 435 MHz. Obgleich es mangels hinreichender Abgleichmöglichkeiten kaum die Polfrequenzen treffen wird, ist auf Anhieb ≧ 55 dB Oberwellendämpfung sicher; die Oberwellenleistung liegt dann weit unter 1 mW, und das ist mehr als ausreichende Absenkung.

In *Abb. 74* sind die Spulendaten zusammengestellt. Mit den Spulen wird durch vorsichtiges Zusammendrücken beziehungsweise Auseinanderziehen der Windungen abgeglichen, zusätzliche Abgleichposition ist der Trimmer C 1 in der PA. Beim Abgleich ist auf gleichmäßige Verstärkung (Ausgangsleistung) über das ganze Band zu achten.

Achtung! Die Endstufe darf höchstens für einige Sekunden ohne Last betrieben werden (T 2 wird sonst zu heiß).

2.4 Selbstgebaut: SSB/CW-Aufbereiter für 9 MHz Zf

2.4.1 Das Konzept

Beim ersten Blick auf das Blockschaltbild *Abb. 75* erkennt man, daß nur der Trägeroszillator und das SSB-Filter von Sender- und Empfängerteil gemeinsam benutzt werden, während alle anderen Schaltungsfunktionen für Sendung und Empfang auseinander gehalten worden sind. Auf diese Weise kann man das Konzept ganz einfach durch Weglassen der entsprechenden Schaltungsstufen nur für Sende- oder Empfangsbetrieb „kürzen".

Die Zwischenfrequenz beträgt 9 MHz und vermittelt somit vielseitige Anwendungsmöglichkeiten des Aufbereiters in Verbindung mit den entsprechenden Vorsatzschaltungen, die auch aus Industriefertigung verfügbar sind. Die KW-Bänder und das 2-m-Band erreicht man mit einfacher, die höheren Bänder mit doppelter Überlagerung.

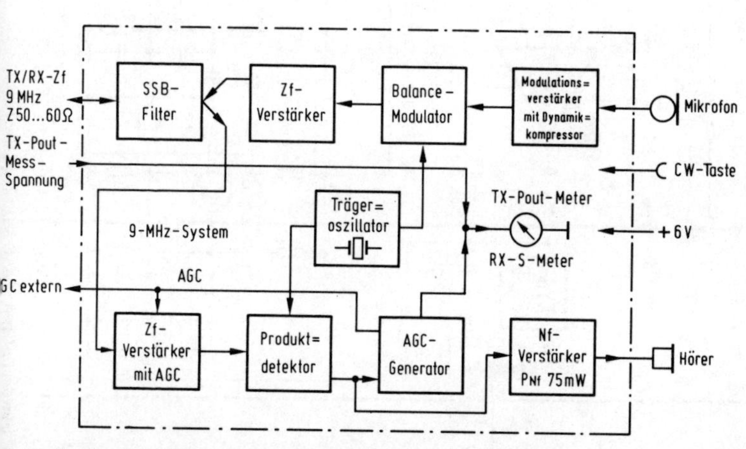

75 Blockschaltbild des SSB/CW-Aufbereiters für 9 MHz Zf

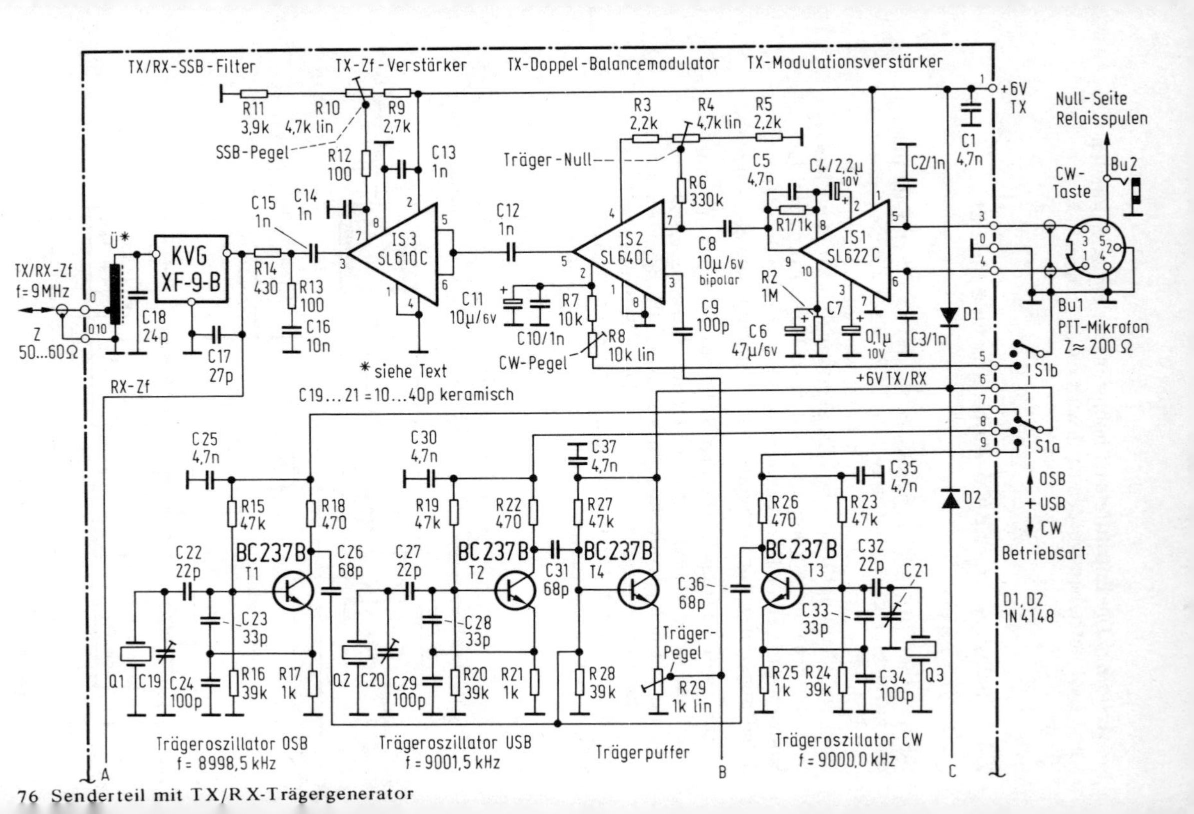

76 Senderteil mit TX/RX-Trägergenerator

2.4.2 Senderteil und Trägergenerator

Abb. 76 zeigt die Gesamtschaltung mit Modulationsverstärker, Doppel-Balancemodulator und Zf-Verstärker, sowie die für TX und RX gemeinsam benutzten Stufen Trägeroszillator und SSB-Filter. Abgesehen von der Trägererzeugung sind alle Funktionen mit den speziell für die Nachrichtentechnik ausgelegten integrierten Schaltungen der Reihe SL-600 von Plessey bestückt. Beste Betriebseigenschaften bei geringem „sichtbaren" Schaltungsaufwand sind das Ergebnis.

Modulationsverstärker ist die IS 1. Das Mikrofon, eine dynamische Ausführung mit $\leqq 600\ \Omega$ Impedanz, wird dem Mikrofon-Anschlußschaltbild *Abb. 77* entsprechend symmetrisch angeschlossen. Dann kann die Nf-Eingangsspannung der IS bis zu 130 mV_{eff} betragen, indes sie bei unsymmetrischer Beschaltung mit höchstens 15 mV_{eff} ausfallen darf. Werden diese Grenzen eingehalten, bleibt der Modulations-Klirrfaktor unter 2 %. Die Nf-Übertragungsbandbreite wird von C 4 und C 5 bestimmt und reicht bei der angegebenen Dimensionierung von 300 Hz bis 3 kHz.

Die IS ist mit einem internen Dynamikkompressor ausgestattet, der Schwankungen der Eingangsspannung im Bereich 1 . . . 130 mV_{eff} (bei symmetrischer Ansteuerung) auf rund 3 dB Restschwankung ausregelt; man kann seine Redeweise also recht dynamisch gestalten. Ansprech- und Abklingzeit der Kompression werden von C 6 und R 2 bestimmt, bei der angegebenen Dimensionierung sind es 20 ms beziehungsweise 1 s.

Der Doppel-Balancemodulator mit der IS 2 ist intern so ausgelegt, daß er mit der von der IS 1 bei Kompression gelieferten fast konstanten Modulationsspannung von etwa 80 mV_{eff} optimal ausgesteuert wird. Die Trägerspannung am Anschluß 3 der IS 2 muß rund 100 mV_{eff} betragen. Der DSB-Pegel am

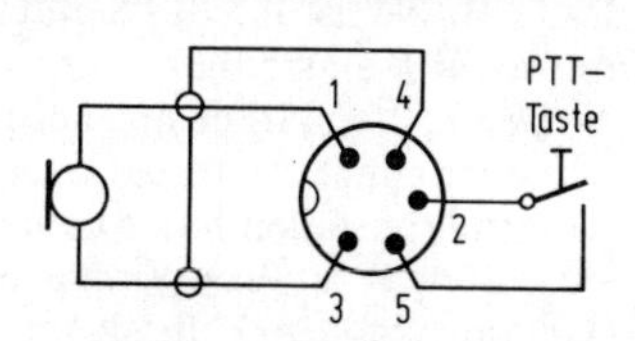

77 Mikrofon-Anschlußschaltbild

Anschluß 5 der Modulator-IS liegt dann um 80 mV_{eff} und entspricht etwa der Nf-Steuerspannung. Bei diesen Pegeln haben Intermodulationsprodukte > -40 dB Abstand vom Nutzsignal, und das ist wichtig für hohe Signalqualität.

Die ebenfalls wichtige Trägerunterdrückung beträgt für IS 2 mindestens 20 dB und ergibt sich ohne äußere Schaltungsmaßnahmen. Das reicht nicht aus, und deshalb wird eine externe und einstellbare Symmetrierschaltung mit R 4 verwendet, mit der sich der Träger zeitlich konstant um insgesamt mindestens 40 dB absenken läßt. Da das SSB-Filter den Träger um weitere etwa 20 dB herabsetzt, gelangt man letztlich zu ≧ 55 dB Trägerunterdrückung, was als überdurchschnittlich anzusehen ist.

Die Trägerfrequenzen sind 8998,5 kHz für das obere Seitenband, 9001,5 kHz für das untere Seitenband und 9000 kHz für CW. Im Interesse einer betriebssicheren Schaltungstechnik ist für jede dieser Frequenzen ein eigener Trägeroszillator vorhanden. Die Schwingtransistoren T 1, T 2 und T 3 werden mittels des Schalters S 1a für die Betriebsartenwahl über ihre Speisespannung eingeschaltet. Folgestufe ist ein Puffer-Verstärker mit T 4, an dessen Emitterwiderstand R 29 die Trägerspannung einzupegeln ist.

Die vier Transistoren des Trägergenerators erhalten ihre Speisespannung wechselweise über die Diode D 1 von der TX- beziehungsweise über die Diode D 2 von der RX-Betriebsspannung, so daß sie ohne besondere Umschaltmaßnahmen ständig versorgt sind.

In CW-Position des Schalters S 1 liegt der Leitungszug vom Anschluß 2 der IS 2 mit der Serienschaltung R 7/R 8 nach S 1b an Masse und bringt die Modulator-IS außer Balance. Dadurch wird die Trägerunterdrückung vermindert und die Trägerspannung kann den Modulator passieren. Der für CW-Dauerstrichleistung des Senders erforderliche Trägerpegel ist mittels R 8 einstellbar.

Der Zf-Verstärker mit der IS 3 ist ohne Besonderheiten. Seine maximal 20 dB betragende Verstärkung wird in vielen Anwendungsfällen nur zu einem Teil benötigt, und man pegelt sie mittels R 10 für optimale SSB-Ausgangsleistung des TX (Gesamtschaltung) ein; das muß vor dem Abgleich des CW-Pegels (R 8) geschehen.

Für das sich anschließende SSB-Filter hat sich die Ausführung XF-9-B von KVG als optimal erwiesen, sie besitzt sehr günstige Flankensteilheit und Weitabselektion. R 13 und R 14 wie C 17 und C 18 sind Filter-Abschlußimpedanzen, die für das XF-9-B bemessen sind und nicht verändert werden dürfen; beim Einsatz eines anderen Filters ist eventuell eine andere Dimensionierung notwendig. Wenn man sich an die angegebenen Komponenten hält, kann ein besonderer Abgleich des Filters, der mittels C 17 und C 18 (dann als Trimmer) vorgenommen werden müßte, entfallen.

Der Übertrager Ü transformiert die Filterimpedanz von 500 Ω auf die Kabelimpedanz von 50 ... 60 Ω. Bei Ü handelt es sich um eine Ringkern-Ausführung, die nicht handelsüblich ist, die man sich aber leicht selbst anfertigen kann. *Abb. 78* gibt Auskunft über den Materialbedarf und skizziert die Fertigungsphasen; eine weitere Erläuterung erübrigt sich wohl.

Es empfiehlt sich, vor dem Bewickeln des Kerns dessen scharfe Kanten mittels eines scharfen spitzen Messers leicht zu brechen, und der fertige Übertrager sollte entweder zweimal mit Plastik übersprüht oder einmal in Abdecklack getaucht werden.

Bei maximaler Verstärkungseinstellung für IS 3 steht an den Platinenanschlüssen 10/010 ein SSB-Signal von etwa 100 mV_{eff}. Das entspricht rund 0,18 mW Einton-Leistung oder 0,38 mW PEP bei reellem Abschluß mit 50 ... 60 Ω.

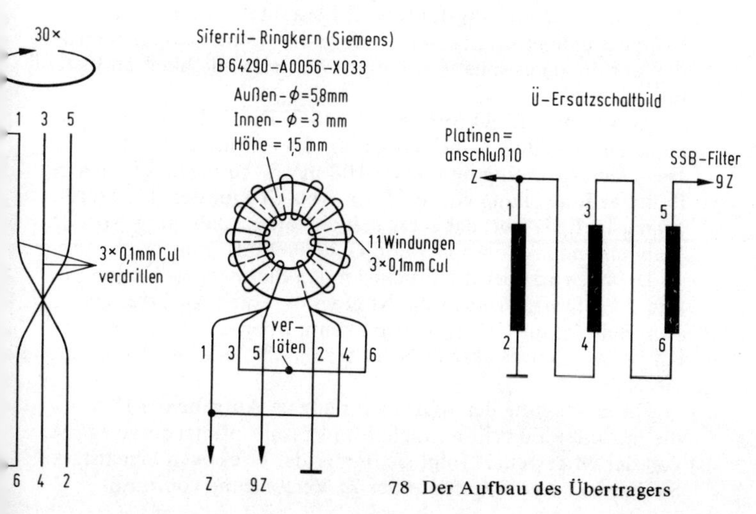

78 Der Aufbau des Übertragers

Hier eine Zusammenfassung der für die Signalqualität des Aufbereiters wichtigen Betriebsdaten

Frequenzstabilität: $< \pm$ 10 Hz Drift für 10 . . . 30 °C Umgebungstemperatur;

Trägerunterdrückung: $\geqq$ 55 dB;

Seitenbandunterdrückung: $\geqq$ 60 dB·

Intermodulationsabstand: > -40 dB;

Modulations-Klirrfaktor: <2 %.

2.4.3 Empfängerteil

Abb. 79 zeigt die Empfangsschaltung mit dreistufigem Zf-Verstärker, Produkt-Detektor, AGC-Generator, S-Meter-Treiber und Nf-Verstärker. Mit Ausnahme des S-Meter-Treibers sind alle Stufen mit integrierten Schaltungen der SL-600-Reihe bestückt, die - wie im Senderteil - für wirklich optimale Betriebsleistungen sorgen.

Die Empfangssignale gelangen über die Platinenanschlüsse 10/010, den Übertrager Ü und das SSB-Filter Zf-selektiv an den Zf-Verstärker mit den IS 4, 5 und 6. Dieser Schaltungszug arbeitet „kreisfrei" und bedarf deshalb keines Abgleichs. Die Verstärkung der drei IS beträgt etwa 100 dB insgesamt bei voller Aussteuerung ihres Verstärkungsfaktors. Zu beachten ist hier, daß die Koppelkondensatoren C 41, C 43 und C 45 nicht vergrößert werden dürfen, da es sonst mit einiger Wahrscheinlichkeit zu Instabilitäten kommt.

Als Produkt-Detektor dient die IS 7. Die Zf-Spannung gelangt an ihren Anschluß 3, die Nf fällt an ihrem Anschluß 5 ab. Die Trägerspannung muß etwa 100 mV_{eff} betragen, die sich bei richtiger Einstellung von R 29 (in Abb. 76) für den TX-Träger zwangsläufig ergibt; das setzt jedoch voraus, daß die Werte der Koppelkondensatoren C 9 und C 46 übereinstimmen.

Die Nf wird über die Brücke an den Platinenanschlüssen 26 und 27 geführt, wo man die Nf eines externen Aufbereiters, zum Beispiel für FM, einspeisen kann. Ebenso läßt sich hier ein hochselektives aktives Nf-Filter für CW- oder RTTY-Empfang einfügen.

Die Erzeugung der AGC-Spannung ist Aufgabe der IS 8, die nur diese Funktion innehat und dafür optimal ausgelegt ist; von der Nf gesteuert folgt sie immer der effektiven Signalstärke. Sie bewirkt eine Regeltiefe der Zf-Verstärkung von rund

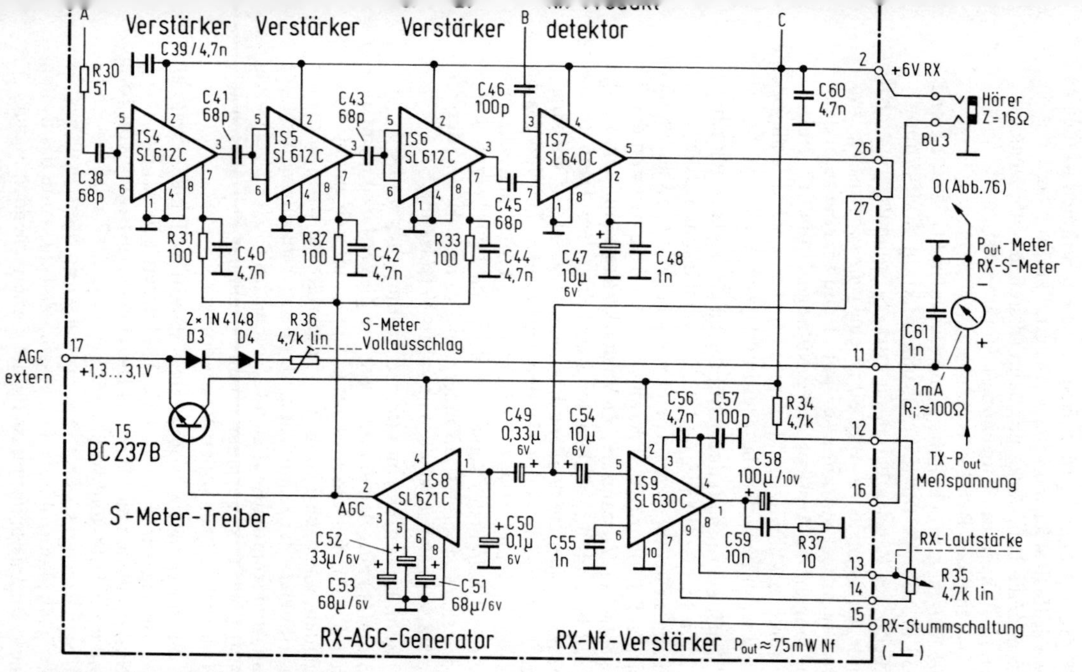

79 Empfängerteil des Aufbereiters

120 dB, und Signalspannungen in diesem Rahmen werden auf etwa 3 dB Restschwankung egalisiert. Praktisch bedeutet das, daß man die Lautstärke nur dann verstellen muß, wenn es Veränderungen des Umgebungsgeräusches verlangen.

Das zeitliche Regelverhalten der AGC-Schaltung zeigt *Abb. 80,* die zeitbestimmenden Glieder sind C 51, C 52 und C 53 in Abb. 79. Die IS-Schaltungsfunktion bewirkt unterschiedliches Regelverhalten für kurze Störimpulse und anhaltende Nutzsignale. In Abb. 80 ist eine schnelle Anstieg- und Abklingzeit bei Störimpulsen mit t1 und t5, eine zusätzliche und langsamere Anstiegzeit bei Nutzsignalen mit t2, eine Haltezeit nach Nutzsignalen mit t3 und eine schnelle allgemeine Abklingzeit nach der Haltezeit mit t4 kenntlich.

Trifft ein (anhaltendes) Nutzsignal ein, so lädt sich zunächst C 52 in 15 ms (t1) auf, und die Zf-Verstärkung wird entsprechend herabgesetzt. Gleichzeitig beginnt C 53 aufzuladen, was nach 130 ms (t2) abgeschlossen ist. C 53 hält nun den abgeregelten Zustand des Zf-Verstärkers fest, und sein Einfluß bleibt bis zum Wegbleiben des Signals bestehen. Dann kommt der inzwischen aufgeladene Kondensator C 51 zur Wirkung, der in Verbindung mit C 53 den abgeregelten Zustand des Zf-Verstärkers noch etwa 0,7 s (t3) erhält. Trifft innerhalb dieser Haltezeit kein neues Signal von ≧ 130 ms Dauer ein, so entladen sich C 51 und C 53 innerhalb 130 ms (t4), und der Zf-Verstärker gelangt wieder zur vollen Verstärkung.

Beim Eintreffen eines kurzen Störimpulses wird C 52 in 15 ms (t1) aufgeladen und regelt die Zf-Verstärkung entsprechend herab. Gleichzeitig mit C 52 beginnt sich auch C 53 aufzuladen, was nach 130 ms (t2) abgeschlossen wäre, würde der Störimpuls solange anstehen. Das ist aber durchweg nicht der Fall, und somit entlädt sich C 52 innerhalb 130 ms (t5) wieder - also bevor C 53 aufladen konnte -, und das Zf-Teil gelangt wieder schnell zur vollen Verstärkung.

Bei Störimpulsen von weniger als 130 ms Dauer beträgt also die Anstiegzeit 15 ms und die Abklingzeit 130 ms, indes für (Nutz-)Signale von ≧ 130 ms Dauer eine Anstiegzeit von 15 ms und eine Halte- und Abklingzeit von rund 0,7 + 0,13 = 0,83 s ab Signalausfall vorliegt. Treten Nutz- und Störsignale gleichzeitig auf, kontrolliert die langsame Zeitkonstante das System. Diese Dimensionierung ist für die vorherrschenden Signalverhältnisse optimal.

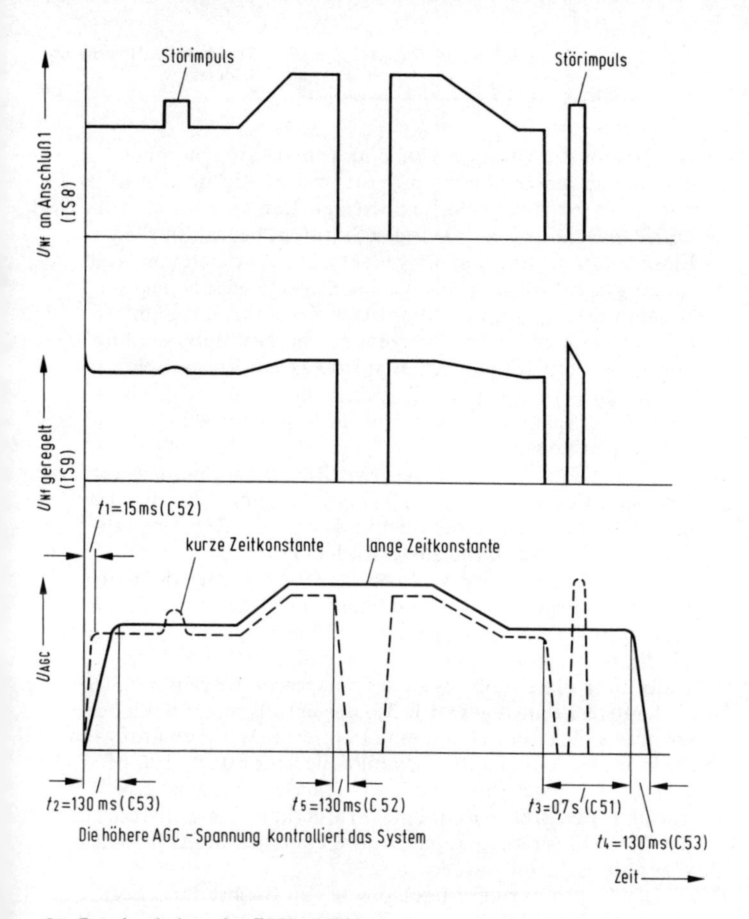

80 Regelverhalten des Zf-Verstärkers

Die Siebkondensatoren C 40, C 42 und C 44 in der Regelleitung der Zf-IS dürfen nicht vergrößert werden, da sonst das Regelverhalten der Schaltung bei Störimpulsen leidet (verlängerte Zeitkonstanten).

Das S-Meter, ein 1-mA-Drehspulinstrument, wird von der AGC-Spannung über den Treibertransistor T 5 gesteuert.

0 1 2 3 4 5 6 7 8 9 +20dB +40dB +60dB

81 Skalenauflösung des S-Meters

Die S-Meter-Eichung wird anhand *Abb. 81* vorgenommen, indem man die Zeichnung proportional richtig auf den Kreisbogen der Instrument-Skala überträgt. Man erkennt die vorteilhafte Dehnung der niedrigen S-Stufen; bei zahlreichen Empfängern ist es genau umgekehrt. Der Abgleich von Nullstellung und Vollausschlag des Instruments werden erst in Zusammenhang mit der kompletten Empfangsanlage mit angeschlossener Antenne vorgenommen: Nullstellung ohne Signal aber mit RX-Rauschen mittels Zeiger-Einstellschraube auf S-Null vornehmen, Vollausschlag bei voller AGC-Abregelung (AGC-Spannung 3,8 V) mittels R 36 einpegeln.

Am Platinenanschluß 17 kann die AGC-Spannung zur Steuerung einer externen Regelschaltung abgenommen werden. Über den Regelbereich des Zf-Verstärkers von 120 dB verläuft die AGC-Spannung in der Spanne 1,3 . . . 3,1 V bei mit zunehmender Signalstärke ansteigendem Potential.

Die Nf-Verstärkung wird von der IS 9 besorgt, die in dieser Schaltungsauslegung eine maximale Verstärkung von 45 dB und 75 mW Sprechleistung liefert. 50 mW Sprechleistung gelten als Zimmerlautstärke, und so ist in einigermaßen ruhiger Umgebung ohne weiteres auch Lautsprecherbetrieb möglich.

Lautstärkeeinsteller ist R 35, der mittels seiner Schleiferspannung elektronisch auf eine IS-interne AGC-Schaltung einwirkt und so eine Lautstärkeänderung über 60 . . . 100 dB erlaubt. Für logarithmische Lautstärkeeinstellung ist eine lineare (!) Einsteller-Kennlinie erforderlich. Die Zuleitungen des Einstellers führen keine Nf und brauchen deshalb auch nicht abgeschirmt werden.

Der Kopfhörer oder Lautsprecher an Buchse Bu 3 liegt zwischen dem IS-Ausgang an Platinenanschluß 16 und der RX-Betriebsspannung. Die Hörerwicklung muß deshalb massefrei beschaltet sein, wie es das Anschlußschema für Bu 3 zeigt. Legt man den Hörer zwischen IS-Ausgang und Masse, so ist zwar auch einwandfreie Funktion gewährleistet, die Sprechleistung fällt dann aber etwas ab.

Legt man den Anschluß 7 von IS 9 (Platinenanschluß 15) an Schaltungsmasse, so ist die IS gesperrt. Hier kann man also bei FM-Betrieb über einen externen Aufbereiter eine

Squelchschaltung anschließen; bei offenem Squelch muß der Anschluß potentialfrei sein.

Hier eine Zusammenfassung der maßgebenden Betriebsdaten

Frequenzstabilität: $< \pm$ 10 Hz Drift für 10 ... 30 °C Umgebungstemperatur;
Rauschzahl: 3,5 dB;
Intermodulation $\leqq$ 10 %: 30 mV_{eff} an 50 ... 60 Ω ohne AGC,
270 mV_{eff} an 50 ... 60 Ω bei voller AGC;

Zf-Bandbreite: 2,4 kHz/-6 dB, 4,3 kHz/-60 dB,
5,3 kHz/-80 dB;

Weitabselektion: >100 dB;
Zf-Verstärkung: 100 dB;
AGC-Regeltiefe: 120 dB;
Nf-Leistung: 75 mW bei <1 % Klirrfaktor.

2.4.4 Bauteile und Aufbau

Für den Aufbereiter gilt einheitlich: Widerstände sind als Kohleschicht-Ausführung mit 5 % Toleranz (Reihe E 24) und 0,25 W Belastbarkeit, Einstell-Widerstände jedoch nur mit 0,1 W Belastbarkeit und Kondensatoren für $\geqq$ 25 V Betriebsspannung auszulegen.

C- und R-Trimmer sollte man unbedingt *vor* Anfertigung der Printplatte beschaffen, damit die Leiterführung gegebenenfalls noch entsprechend geändert werden kann.

Widerstände und Kondensatoren sollten von der kleinsten handelsüblichen Baugröße sein. Alle Widerstände sind stehend einzusetzen, Spezialausführungen für stehende Montage sind jedoch nicht unbedingt erforderlich.

Die Printplattenzeichnung ist in *Abb. 82* dargestellt, *Abb. 83* zeigt den Bestückungsplan; beide Bilder haben Originalgröße.

Es wird doppelseitig kaschiertes Material in UKW-Qualität verwendet, Glasfaserverstärkung ist jedoch nicht notwendig und wegen der schwierigen Bearbeitbarkeit auch nicht zu empfehlen. Doppelseitige Kaschierung ist unbedingte Voraussetzung für elektrisch stabiles Arbeiten des Aufbereiters.

Geätzt wird nur die Leiterseite der Platine, währenddessen die Bestückungsseite mittels Abdecklack oder Selbstklebe-

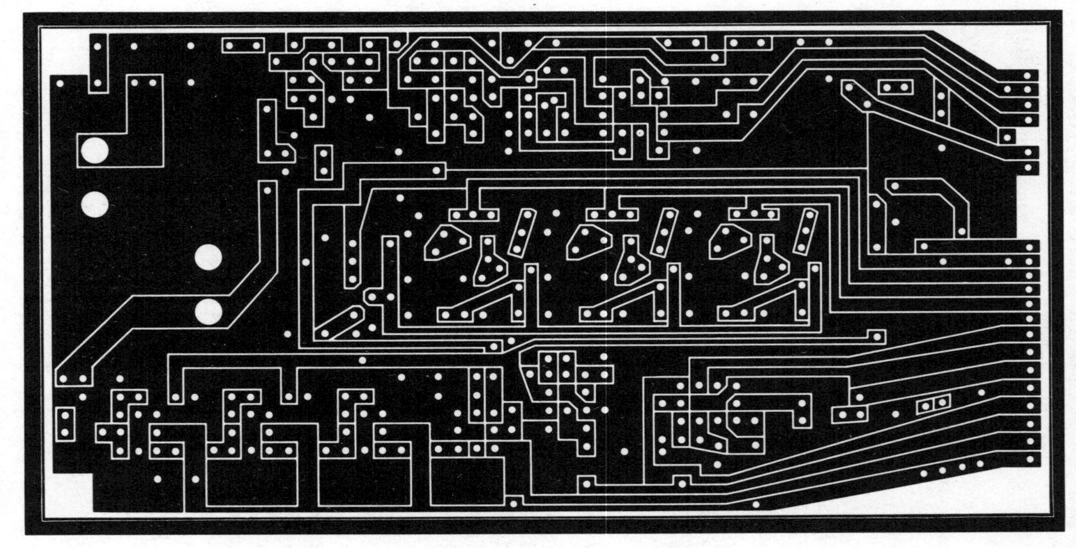

82 Platinenzeichnung zum Aufbereiter

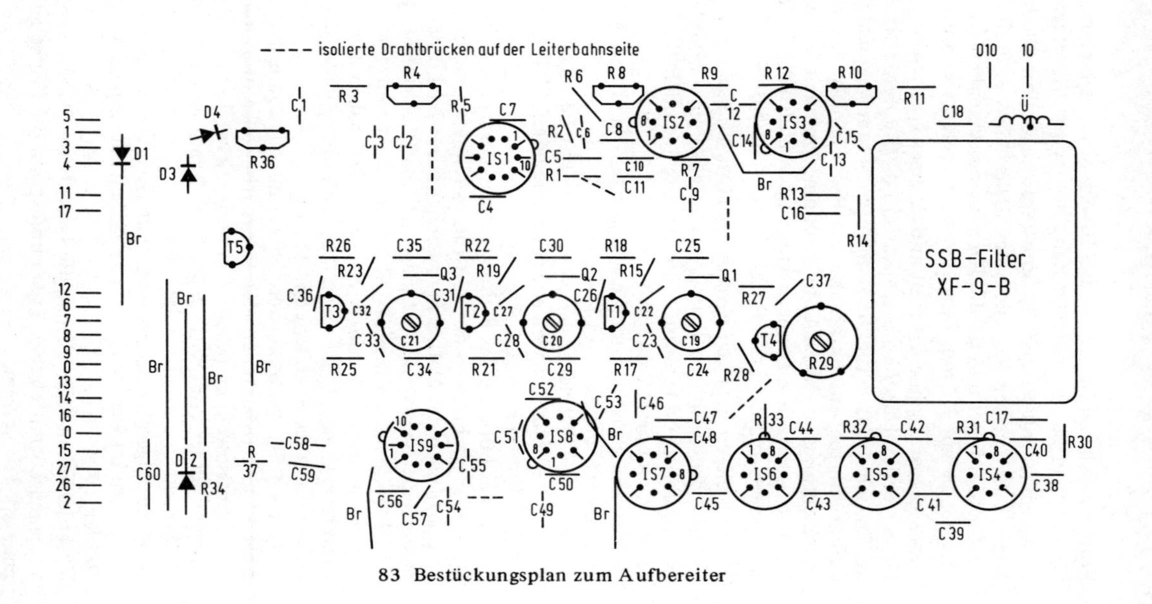

83 Bestückungsplan zum Aufbereiter

Folie zu schützen ist. Bei beiden Beschichtungen muß rundherum ein etwa 1 mm breiter Rand mit freigeätzt werden.

Anschließend werden die Bohrungen ausgeführt. Sie haben 1 mm Durchmesser, ausgenommen die jeweils vier Positionen für das SSB-Filter und für die Befestigungsschrauben der Platine, die mit 3,2 mm Durchmesser ausgeführt werden.

Als nächstes schneidet man mittels eines Leiterbahn-Unterbrechers (für Veroboard-Karten) die Kupferbeschichtung der Plattenoberseite um die Bohrungen herum weg, damit die durchgeführten Anschlußdrähte der Bauteile nicht mit der Beschichtung der Oberseite in Berührung kommen und Kurzschlüsse verursachen können; Ausnahmen bilden die 3,2-mm-Bohrungen und das Loch für Platinenanschluß 010.

Nach diesen Arbeiten wird die mechanisch nun fertiggestellte Platine mittels Reinigungsmittel sorgsam gesäubert und abschließend beiderseits mit einer dünnen Schicht Lötlack versehen (am besten aufsprühen).

Von nun an ist nur noch mit Chirurgen-Handschuhen zu arbeiten!

Sämtliche Platinenanschlüsse werden mit Lötnägeln bestückt, das längere Ende natürlich auf der Bauteileseite. Dann wird das SSB-Filter eingesetzt.

Nur der Lötnagel des Platinenanschlusses 010 und die Befestigungsschrauben des SSB-Filters schließen die beiden Kupferflächen der Platine miteinander kurz; der Lötnagel ist beiderseits zu verlöten. Auf diese „Machart" ist unbedingt zu achten, denn sonst gebärdet sich der Aufbereiter letztlich wie ein heulender Derwisch; zahlreiche OM haben diese Erfahrung gemacht, die sie vollkommen unbegründet den Plessey-IS in die Schuhe schieben.

Nun erfolgt das Bestücken der Platine mit den rasterabhängigen C- und R-Bauteilen, den integrierten Schaltungen und den Transistoren; in dieser Reihenfolge. Zwischen den Halbleitern und der Printplatte sollte 2 . . . 3 mm Abstand sein, nicht mehr und nicht weniger. Anschließend werden alle anderen Bauteile eingesetzt, wobei man in der Reihenfolge so vorgehen sollte, daß schwierig zugängliche Stellen zuerst berücksichtigt werden.

Abschließend reinigt man die Lötseite der Platine vorsichtig von allen Lötmittelrückständen und sprüht die Fläche aufs neue mit Lötlack ein.

Die Schaltung wird in einem der bekannten Teko- oder Minipac-Aluminiumgehäuse mit den Abmessungen 140 x 72 x x 28 mm untergebracht. Die Gehäuseteile erhalten in Fluchtlinie zu den Betätigungspunkten der Abgleichelemente Durchbrüche von 8 mm Durchmesser. Sie dienen gleichzeitig Abgleich und Belüftung, und die auf diese Weise bewirkte Luftzirkulation im Gehäuseinneren reicht für hinreichende Kühlung vollkommen aus.

Zwischen Unterseite Platine und Bodenschale des Gehäuses ist 5 mm Abstand einzuhalten, was man durch Einfügen von 5 mm hohen Abstandsröllchen auf den Schrauben zur Platinenbefestigung erreicht. Die Befestigungsschrauben haben mit der Platinenoberseite leitende Verbindung, mit der Unterseite jedoch nicht, was im Interesse elektrischer Stabilität unbedingt zu beachten und zu kontrollieren ist; das Ätzschema der Platinenunterseite (Abb. 82) ist entsprechend ausgelegt.

2.4.5 Stromversorgung und TX/RX-Umschaltung

Dieses sehr einfache Schaltungsteil ist in *Abb. 84* vorgestellt.

Die Versorgungsspannung ist für Kfz-Betrieb mit nominal 12,5 V ausgelegt. Sie kann ständig bis zu 14 V betragen, ohne daß es besonderer Schutzmaßnahmen bedarf. Die in Kfz-Netzen häufig auftretenden Impulsspannungen, die beim Loslassen des Anlasserknopfes leicht 100 V ausmachen können, werden von der Zener-Diode D 1 mit 18 V Durchbruchspannung und 10 W Belastbarkeit gekappt.

Der Aufbereiter benötigt 6 V Betriebsspannung, die er über den von der Zener-Diode D 2 gesteuerten Längstransistor T 1 bezieht. Darüber hinaus stehen für Vorsatzgeräte (z.B. Transverter) eine ungeschaltete und je eine für TX und RX geschaltete Betriebsspannung von 12,5 V zur Verfügung.

Die TX/RX-Umschaltung geschieht mittels der beiden Relais Rel 1 und Rel 2. Die Treiberspulen sind parallel geschaltet und liegen mit ihrem Null-Anschluß an PTT- und Morsetaste (Abb. 76), von denen sie mittels Tastendruck aktiviert werden. Die Dioden D 3 und D 4 schützen die Spulen vor negativen Abschaltspannungen.

Rel 1 mit den vier Umschaltsätzen Rk 1-1 . . . Rk 4-1 (Rk 4-1 frei) ist für die Betriebsspannungen zuständig. Bei den Kontaktsätzen Rk 1-1 und Rk 2-1 muß unbedingt auf die

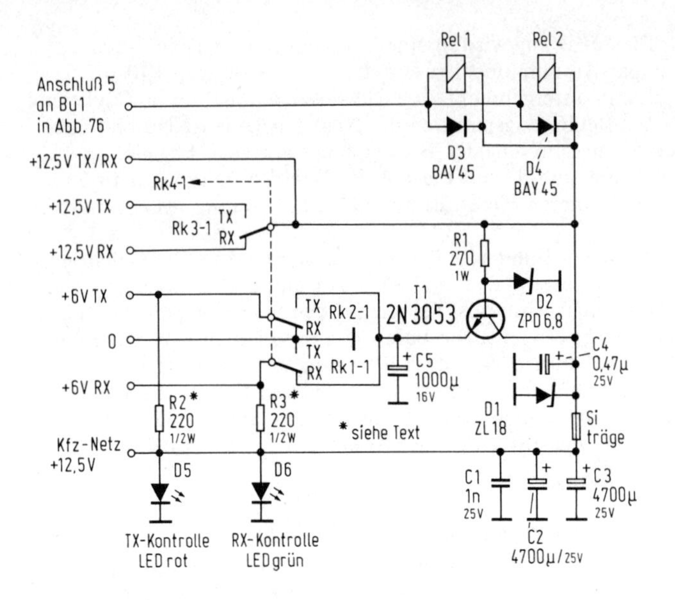

84 Stromversorgung und TX/RX-Umschaltung

angegebene Beschaltung geachtet werden, damit der jeweils „tote" Betriebsspannungszweig des Aufbereiters an Masse liegt; Nichtbeachtung führt zu wilden Schwingungen!

Rel 2 ist das Antennen-Umschaltrelais. Für den Aufbereiter benötigt man es nicht, aber durch seine Einbeziehung in das Schaltbild erkennt man gleich seine Verknüpfung mit der TX/RX-Umschaltung.

Zur TX/RX-Einschaltkontrolle dienen die beiden Leuchtdioden D 5 und D 6. Die Vorwiderstände R 2 und R 3 sind für 20 mA Diodenstrom bemessen und müssen für einen anderen Stromwert entsprechend umdimensioniert werden (Obacht geben!).

Der Aufbau dieses Schaltungsteils erfolgt am besten auf einer Lochrasterplatte. Man kann sich an die räumlichen Gegebenheiten halten und nötigenfalls die Schaltung auch „zerlegt" unterbringen.

2.5 Schaltungsvorschlag: 2-m-Linear-Transverter für 9 MHz Zf

2.5.1 Schottky-Dioden-Balancemischer sind optimal

Die Mischschaltung zum Umsetzen des Aufbereiter-Zf-Signals in den Betriebsfrequenzbereich beziehungsweise der Empfangsspannung auf die Aufbereiter-Zf muß sehr sorgfältig ausgelegt werden. Es kommt vor allem auf hohe Signalverträglichkeit und geringste Verzerrungen durch Intermodulationen an.

Bipolare Transistoren verarbeiten bei optimaler Dimensionierung des Mischerkonzepts bis zu 50 mV, MOS-Fets bis zu 150 mV Eingangsspannung mit hinreichender Linearität. Das reicht nicht aus, denn bei Sendern strebt man möglichst hohe Zf-Vorverstärkung an, um die Stufenzahl des rückwirkungsempfindlichen und mit nur geringem Wirkungsgrad arbeitenden UKW-Leistungsverstärkers gering zu halten, und in Empfängern müssen häufig höhere Spannungen verarbeitet werden.

Für Sender kommt die Notwendigkeit einer balancierten Mischschaltung hinzu, damit das Oszillatorsignal am Mischerausgang hinreichend klein ausfällt und nicht unzulässig stark an die Antenne und in die Umwelt gelangt. Schaltungen mit Transistoren sind dazu schlecht geeignet, denn ausreichende elektrische Balance mit zeitlicher Stabilität ist nur schwierig zu bewerkstelligen.

Diese Nachteile vermeiden Dioden-Balancemischer, für UKW-Schaltungen verwendet man die sehr schnell schaltenden und extrem rauscharmen Schottky-Dioden. *Abb. 85* zeigt das

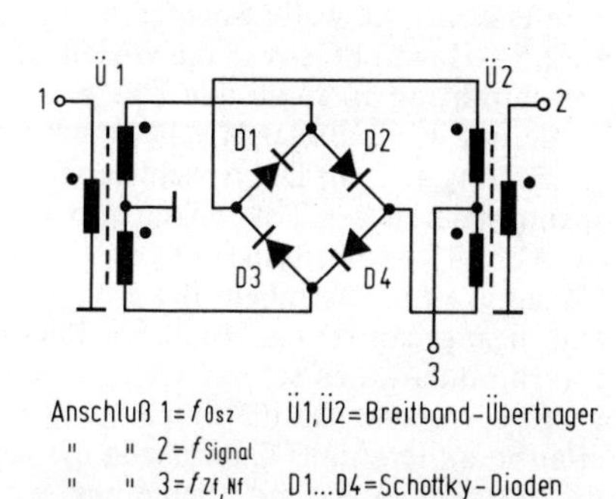

85 Schaltung eines Dioden-Balancemischers

Schaltschema eines Dioden-Balancemischers. Je nach Diodentyp und Größe der Überlagerungsspannung werden Signale mit 0,1 . . . 30 mW Leistung bei ≧ -40 dB Intermodulationsabstand verarbeitet, das sind bei 50 . . . 60 Ω Anschlußimpedanz Spannungen von 75 . . . 1300 mV.

Für Sender wichtig ist die Unterdrückung des Oszillatorsignals im UKW-Zweig des Mischers, die für das 2-m-Band mit ≧ 30 dB bei hoher zeitlicher Stabilität ausfällt.

Für Empfänger wirkt sich das sehr geringe Eigenrauschen des Mischers mit nur etwa 0,5 dB sehr vorteilhaft aus. Dem steht aber die hier zu beachtende Mischer-Durchgangsdämpfung von 6 . . . 8 dB gegenüber, die man in Verbindung mit dem Diodenrauschen von 0,5 dB als effektives Mischrauschen verstehen muß. Transistormischer rauschen aber durchweg in gleichem Maße oder auch stärker, so daß hier kein Nachteil verborgen liegt. Wichtig im Zusammenhang mit der Signaldämpfung im Diodenmischer ist jedoch, daß das Rauschen des sich anschliessenden Zf-Verstärkers möglichst gering ausfällt, denn sonst wirkt der Zf-Verstärker empfindlichkeitsbestimmend; der in den vorigen Abschnitten beschriebene Zf-Aufbereiter erfüllt diese Bedingung. Die UKW-Vorverstärkung legt man zweckmäßigerweise so aus, daß die Mischerverluste und das Zf-Rauschen gerade eben überwunden werden; daß also der Vorverstärker allein für die Empfindlichkeit maßgebend ist.

Schottky-Dioden-Balancemischer gibt es als fix und fertige Bauelemente einschließlich der beiden Breitband-Übertrager zu günstigen Preisen zu kaufen, in *Abb. 86* sind einige vielverwendete Ausführungen mit ihren elektrischen Daten angeführt. Man erkennt die weite Spanne der Frequenzbereiche, die bis zu 2,5 GHz reicht, sowie die vorteilhafte Anschlußimpedanz von durchweg 50 Ω für alle Zweige.

Beim Einsatz dieser Mischer muß man unbedingt auf richtige Anpassung achten. Die Anschlüsse für Signal- und Oszillatorspannung erlauben Toleranzen von ≦ 20 %, für den Zf-Zweig (in Abb. 85 der Mittelpunkt von Ü 2 mit Anschluß 3) ist ≦ 10 % Genauigkeit anzustreben. Bei größeren Abweichungen nehmen Durchgangsdämpfung, Oszillator-Rückwirkung, Rauschen und Intermodulationen sehr schnell zu. Weiterhin kommt es auf die vorgeschriebene Oszillatorspannung an, die ≦ 10 % Toleranz erlaubt, anderenfalls ändern sich die Anschlußimpedanzen in unzulässigem Maße mit allen einhergehenden Folgen.

Abb. 86. Einige Balancemischer mit Schottky-Dioden

Hersteller	Anzac	MCL	MCL	MCL	MCL	Einheit
Typ	MD-108	SRA-1	SRA-1H	RAY-1	MA-1	
f_{Hf}	5 ... 500	0,5 ... 500	0,5 ... 500	5 ... 500	1 ... 2500	MHz
f_{Zf}	dc ... 500	dc ... 500	dc ... 500	dc ... 500	1 ... 1000	MHz
f_{Osz}	5 ... 500	0,5 ... 500	0,5 ... 500	5 ... 500	1 ... 2500	MHz
Mischdämpfung	7,5	6,5	6,5	7,5	8	dB
Rückwirkung Hf/Osz	–40	–45	–45	–40	–40	dB
Zf/Osz	–35	–40	–40	–40	–40	dB
U_{Osz} nom.	500	500	1600	3200	700	mV
$U_{Hf/Zf}$ max.*	220	270	700	1250	450	mV

* für ≧-40 dB Intermodulationsabstand
Die Anschlußimpedanzen betragen durchweg 50 Ω, auf die sich auch die genannten Spannungswerte beziehen. Die Breitband-Übertrager sind eingebaut. Alle Betriebseigenschaften beziehen sich auf die Mittellage der angeführten Frequenzbereiche. Der MA-1 ist mit koaxialen Steckverbindern versehen.

Als Nachteil mag die hohe Oszillatorleistung erscheinen, die beim MD-108 5 mW = 500 mV/50 Ω beträgt. Das erfordert sehr gute Abschirmung der Abstimmschaltung, besonders auf UKW. Echte Probleme ergeben sich dadurch jedoch nicht. Schließlich hat man andererseits den Vorteil, daß sich der Diodenmischer als bidirektionales Schaltelement in beiden Richtungen betreiben läßt, so daß man ihn in Transceivern wechselweise für Sendung und Empfang einsetzen kann, ohne daß seine Arbeitsrichtung umgeschaltet werden muß; und Umschaltungen in UKW-Kreisen sind ja immer so eine Sache für sich, der Ärger steigt im Quadrat zur Frequenz.

2.5.2 VFO-Steuersender und Mischer

Abb. 87 zeigt die Gesamtschaltung des Steuersenders und den ihm angeschlossenen Schottky-Dioden-Balancemischer. Man

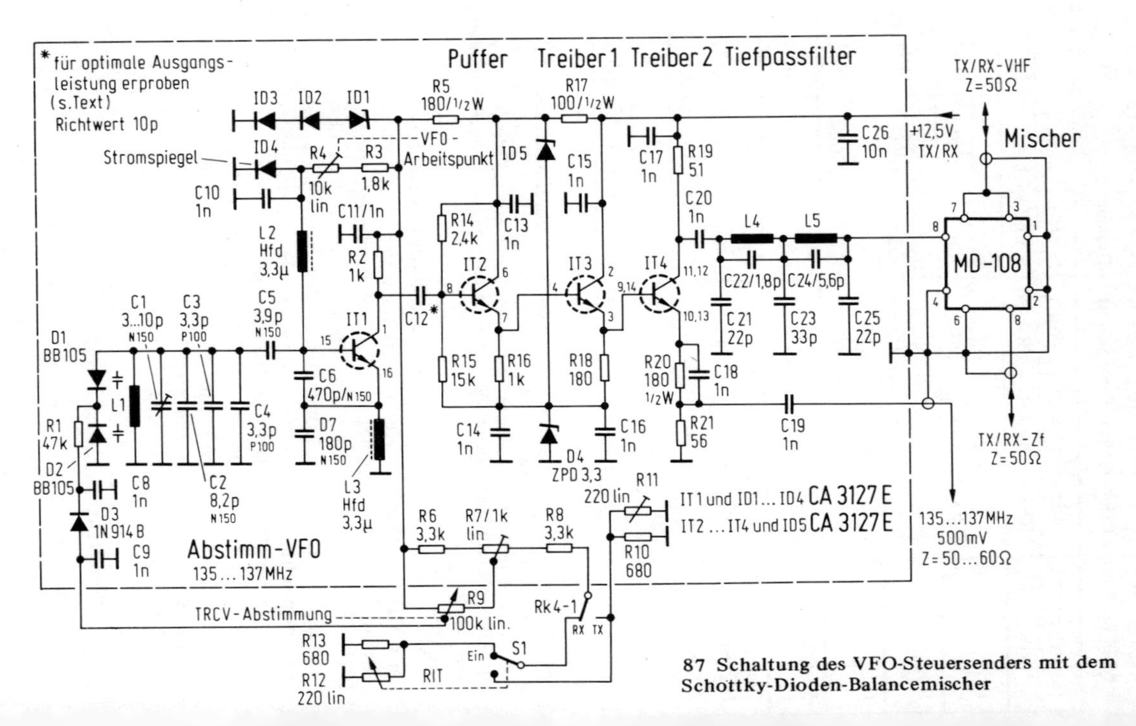

87 Schaltung des VFO-Steuersenders mit dem Schottky-Dioden-Balancemischer

erblickt von links nach rechts den mittels Kapazitätsdioden elektronisch durchstimmbaren VFO, eine für Rückwirkungssicherheit sorgende Pufferstufe und einen zweistufigen Leistungstreiber zur Gewinnung der vom Mischer MD-108 benötigten 5 mW VHF-Leistung. Der Frequenzbereich 135 . . . 137 MHz ist für 9 MHz Zf ausgelegt.

Grundvoraussetzung für höchste Frequenzstabilität ist eine stabile Spannungsversorgung für die frequenzbestimmenden Schaltungsstufen. Das sind hier der VFO mit dem Transistor IT 1, das Abstimmspannungs-Netzwerk und der VFO-Puffer mit IT 2. Stabile Betriebsspannungen gelten hier um so mehr, als der Transverter für den direkten Anschluß an ein Kfz-Bordnetz ausgelegt ist, und bekanntlich sind Kfz-Netze alles andere als stabil und weisen bei laufendem Motor zudem noch erhebliche Impulsbelastungen mit nur schwer zu beseitigenden Störungen auf. Deshalb ist die Spannungsstabilisierung zweistufig ausgelegt worden, sie erfolgt mittels Dioden.

Zunächst sorgt ein Vorstabilisator mit den Dioden ID 5 und D 4 für Impulsunterdrückung und Glättung der gröbsten Spannungsschwankungen. Änderungen der Bordnetzspannung im Bereich 12 . . . 14 V werden auf ≦ 50 mV ausgeglichen. Arbeitsspannung ist 9 V, an die der Puffertransistor angeschlossen ist, und dessen Arbeitspunktdrift nun so gering ausfällt, daß sie auf die Frequenzstabilität des VFOs keinen Einfluß mehr ausüben kann.

Die Betriebsspannung des VFO-Transistors und die Abstimmspannung werden von einer vom ersten Stabilisator gespeisten weiteren Stabilisierungsschaltung mit den Dioden ID 1 . . . ID 3 gewonnen und auf 7,2 V festgehalten. Die gewählte Zusammenstellung der Dioden bewirkt eine Temperaturkompensation der 7,2-V-Spannung mit dem Erfolg, daß Schwankungen der Umgebungstemperatur in der Spanne 10 . . . 30 Grad und gleichzeitige Netzspannungsänderungen im Bereich 12 . . . 14 V nicht mehr als ± 1 mV Spannungsdrift hervorrufen. Das ist ein vollkommen ausreichendes Ergebnis.

Erfahrungsgemäß werden Frequenzinstabilitäten zu einem erheblichen Teil auch von thermisch verursachten Änderungen des Schwingtransistor-Arbeitspunkts hervorgerufen. Aus diesem Grund ist die Basisspannung des IT 1 mittels einer Stromspiegelschaltung mit der Diode ID 4 stabilisiert. Sie sorgt dafür, daß der von IT 1 gezogene Strom auch bei erheblichen Schwankungen der Umgebungstemperatur praktisch konstant bleibt. Eine Stromspiegelschaltung funktioniert jedoch nur dann optimal, wenn sich Spiegeldiode und Schwingtransistor thermisch im Gleichlauf befinden, und das ist nur bei der sehr engen räumlichen Nachbarschaft beider Komponenten auf dem Chip einer IS der Fall. Deshalb ist hier eine IS vom Typ CA 3127 E (RCA) mit fünf voneinander unabhängigen Einzeltransistoren gewählt worden, mit der sich diese Voraussetzung 100 %ig erfüllen läßt; *Abb. 88* zeigt die Innenschaltung der IS, aus der man die Dioden-Beschaltung ermitteln kann.

Spiegeldiode und Schwingtransistor nutzen nur zwei der IS-Komponenten aus, und deshalb werden die übrigen drei Transistoren als die Dioden ID 1 . . . ID 3 in der Spannungsstabilisierung eingesetzt. Ihre Integration auf einem Chip und der damit auch hier einhergehende thermische Gleichlauf sorgen für die schon angeführte hochstabile 7,2-V-Spannung, die mit diskreten Bauteilen nicht so einfach zu erreichen wäre.

Alle diese Maßnahmen bewirken, daß die Frequenzdrift letztlich nur noch von den thermischen Eigenschaften der C- und L-Komponenten im VFO-Kreis bestimmt werden; wenn man einmal von der hier nicht weiter interessierenden Langzeitdrift infolge Alterungseinflüsse absieht. Hält man sich an die im Schaltbild angegebenen TK-Werte für die Kondensatoren C 1 . . . C 7 und den (in der Folge noch angeführten) Aufbau der Kreisspule L 1, so bekommt man die für SSB erforderliche Frequenzstabilität von ± 100 Hz Höchstdrift mit ziemlicher Sicherheit auf Anhieb hin. Stabilitätsverbesserungen lassen sich erreichen, wenn man mit den TK-Werten für C 2 . . . C 4 experimentiert; aber wenn 100 Hz Maximaldrift innerhalb 15 Minuten Betriebsdauer und einhergehender Änderungen der Umgebungstemperatur von ≦ ± 1 Grad eingehalten werden, gehen alle Versuche auf das Risiko einer Verschlechterung hinaus.

Wichtig ist, daß für die Spannungsteiler-Kondensatoren C 5 . . . C 7 ein einheitlicher TK-Wert verwendet wird. Beachtet man das nicht, so stellt sich eine Temperaturdrift der VFO-Rückkopplungsspannung am Emitter von IT 1 ein und führt zu Schwankungen der Steuersender-Ausgangsleistung im Zuge von Temperaturänderungen.

Die VFO-Spule L 1 besteht aus 3,5 Windungen CuL-Draht mit 0,5 mm Durchmesser, die auf einen Vogt-Spulenbausatz D 41-2438 gewickelt werden. Der mitgelieferte Abgleichkern

88 Innenschaltung der CA 3127 E

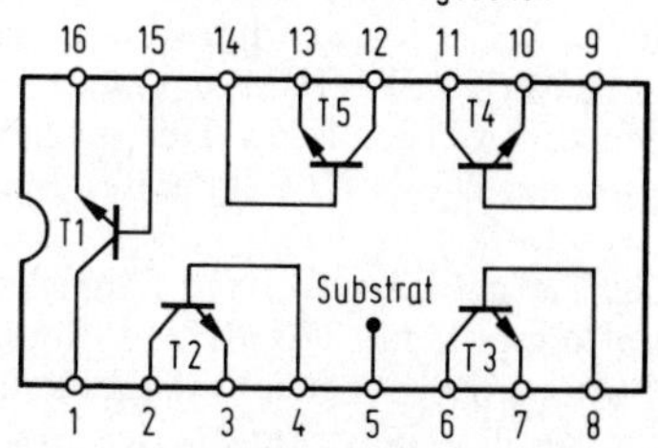

wird nicht benötigt, darf also auch nicht eingedreht werden!

Die Diode D 3 kompensiert die Temperaturdrift der Diffusionsspannung der Abstimmdioden D 1 und D 2.

Die Schwingaktivität des VFOs wird mittels R 4 eingestellt, sie sollte möglichst gering ausfallen. Regel dazu: Geringsten Strom für ID 4 = IT 1 einpegeln, größtmöglichen Wert für den Koppelkondensator C 12 erproben; dabei auf gleichbleibende Ausgangsleistung des Steuersenders achten.

Die Frequenzabstimmung wird mittels des Potentiometers R 9 vorgenommen. Es handelt sich um eine Ausführung mit linearer Kennlinie. Sie bewirkt logarithmische Kapazitätsänderung der Abstimmdioden, die Voraussetzung für frequenzlineare Skaleneichung ist.

Die RIT-Abstimmung mit einer Frequenzspanne von etwa ± 20 kHz wird mittels des Schalters S 1 eingeschaltet und mit dem Potentiometer R 12 vorgenommen. Auch hier gilt lineare Kennlinie für frequenzlineare Abstimmung. Wie man anhand der Beschaltung des Relaiskontakts Rk 4-1 (siehe auch Abb. 84) erkennen kann, läßt sich die RIT-Schaltung nur bei Empfang anwenden. Den Umschalter S 1 kann man mit R 12 kombinieren, jedoch wird es nicht ganz einfach sein, ein Potentiometer mit Umschalter zu bekommen. Dann läßt sich S 1 aber ebenso gut von R 12 getrennt als Kippschalter auslegen.

Für die Potentiometer verwendet man am besten Cermet-Ausführungen für 1 W Belastbarkeit. Sie verfügen über engtolerierte elektrische Kennwerte und, was besonders zu schätzen ist, praktisch konstante Widerstandsverhältnisse auch bei sehr häufiger Betätigung.

Die Transistoren IT 2 . . . IT 4 für den Puffer und die beiden Treiber sind in einer zweiten CA 3127 E vereint. Aus dem Schaltbild Abb. 87 nicht unmittelbar ersichtlich ist, daß es sich bei IT 4 um eine Parallelschaltung von zwei IS-Transistoren handelt. Das ist notwendig, weil die erforderliche Ausgangsleistung von 5 mW VHF von einem IS-Transistor allein nicht aufgebracht werden kann. Der verbleibende fünfte IS-Transistor ist als Zener-Diode ID 5 im ersten Spannungsstabilisator eingesetzt.

Das Tiefpaßfilter ist nach Cauer-Parametern ausgelegt und hat Dämpfungspole für 270 MHz (L 5) und 405 MHz (L 4). Obwohl die Pole mangels Abgleichmöglichkeit kaum die Sollfrequenz treffen werden, bewirken sie dennoch einen steilen Dämpfungsanstieg des Filters oberhalb seiner Grenzfrequenz 145 MHz. Auf diese Weise gewinnt man eine sehr oberwellenarme und somit praktisch phasenreine Überlagerungsspannung für den Mischer, die für ein sauberes Sendersignal und hohe Empfangsempfindlichkeit unbedingt notwendig ist. Die Oberwellenabsenkung beträgt ≧ 60 dB.

Die Filterspulen L 4 und L 5 haben jeweils 6 Windungen aus CuL-Draht mit 0,5 mm Durchmesser, sie sind für Vogt-Spulenbausätze D 41-2438 (ohne Kern!) bemessen.

Der zweite Ausgang des Steuersenders, der ebenfalls 5 mW Leistung entsprechend 500 mV_{eff} an 50 . . . 60 Ω liefert, ist für den Anschluß eines externen Frequenzzählers (Digitalskala) oder Synthesizers gedacht. Soll diese Spannung zur Steuerung eines Mischers herangezogen werden, so muß man sie wie beim ersten Ausgang über einen Tiefpaß zur Oberwellensiebung führen.

2.5.3 TX- und RX-Vorverstärker

Diese beiden Schaltungszüge sind in *Abb. 89* vollständig dargestellt.

Die vom Mischer intern bewirkte Unterdrückung des Steuersender-Signals von garantiert 30 dB in Bezug auf den VHF-Zweig der Schaltung reicht allein nicht aus. Die VHF-Kreise des Senders bringen zusätzliche 20 dB Absenkung, aber 50 dB sind immer noch etwas zu wenig für den Fall, daß man dem in der Folge noch beschriebenen 10-W-Leistungsverstärker eine Endstufe höherer Leistung nachschaltet oder/und hohen Antennengewinn fährt. Vor allem zur Verbesserung dieses Wertes ist der Saugkreis L1/C 1 für 136 MHz eingefügt, so daß die Gesamtdämpfung der Überlagerungsfrequenz letztlich

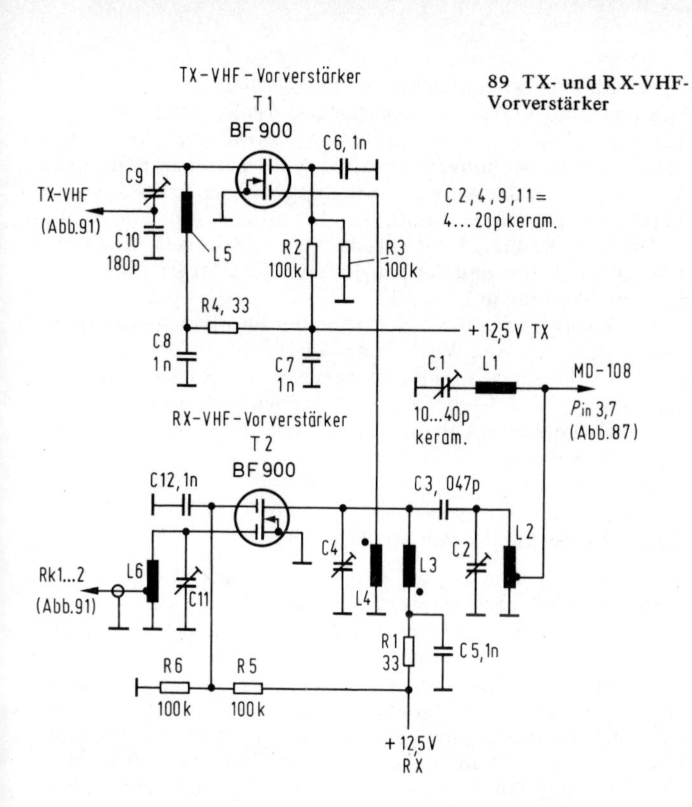

89 TX- und RX-VHF-Vorverstärker

≧ 70 dB ausmacht, was unter allen Umständen genug ist.

Das VHF-Sendersignal passiert das Zweikreis-Filter mit L2/C 2 und L 3/C 4 und gelangt über die Koppelwicklung L 4 an den Vorverstärker mit dem Doppelgate-MOS-Fet T 1. Auf T 1 folgt ein weiterer Abstimmkreis mit L 5. Diese hochselektive Anordnung bewirkt in Verbindung mit dem Saugkreis L 1/C 1 eine Unterdrückung der TX-Spiegelfrequenz im Bereich 126 . . . 128 MHz (Flugfunkband) von ≧ 65 dB. Die Kreise des sich anschließenden TX-Leistungsverstärkers verbessern diesen Wert um etwa 15 dB; aber das wäre garnicht mehr nötig.

Bei Empfang dient der Transistor T 2 als sehr rauscharmer Vorverstärker. Die RX-Rauschzahl liegt um 2,5 dB und sorgt für eine Eingangsempfindlichkeit von 0,08 . . . 0,1 μV/10 dB

Signal/Rauschabstand. Dieser Wert berücksichtigt bereits Rauschen und Verluste im Mischer und das Rauschen des Zf-Verstärkers im Aufbereiter nach Abb. 79. Die effektive Empfindlichkeit ergibt sich unter Einbeziehung des externen Rauschens, des Verlustes in der Antennenzuleitung und der Art der verwendeten Antenne (Gewinn), worüber in 2.2.4 nachzulesen ist.

Der Eingangskreis L 6/C 11, das im Drainzweig liegende TX/RX-Bandfilter und der Saugkreis L 1/C 1 sorgen für eine Spiegelselektion von ≧ 70 dB.

Die Rückwirkung der Mischspannung auf die Antenne macht infolge der selektiven Wirkung des Mischers, des $f_ü$-Saugkreises, der drei VHF-Kreise und der extrem geringen Rückwirkungskapazität von T 2 ≦ 1 μV an der Antennenbuchse aus.

Die Daten der in Abb. 89 angeführten Spulen sind in 2.5.6 zusammengestellt.

2.5.4 VHF-Abschwächer mit PIN-Dioden

Reicht der Regelumfang des AGC-Systems im Zf-Verstärker für hinreichend gleichmäßige Empfangslautstärke aus, so sollte man den Eingangsverstärker am besten aus der AGC-Schaltung heraushalten. Eine Regelung des Vorstufen-Transistors hat nämlich zur Folge, daß sich seine internen Kapazitäten in Abhängigkeit vom Regelzustand verändern, was dann zur mehr oder weniger starken Verstimmung der angeschlossenen Abstimmkreise führt. Darunter leidet vor allem die so wichtige Spiegelselektion, aber auch Instabilitäten der Verstärkung und Schwingneigung können sich einstellen.

Fehlende Vorstufenregelung führt nun aber dazu, daß hohe Signalspannungen mit erheblichen Pegeln an die Mischstufe gelangen, die, wenn sie als Transistor-Schaltung ausgelegt ist, darauf schon ziemlich frühzeitig mit Intermodulationen durch Übersteuerung reagiert. Benutzt man einen Diodenmischer, so sind die Verhältnisse günstiger, aber die auf UKW zum Teil erheblichen Signalstärken können dennoch gelegentlich zu Schwierigkeiten führen.

In solchen Fällen kann man sich mit einem PIN-Dioden-Abschwächer helfen, den man zwischen Vorstufe und Mischer in die Schaltung einfügt. Er kann in das AGC-System einbezogen und automatisch gesteuert werden, besser ist jedoch die Einstellung von Hand, die optimale Anpassung an die

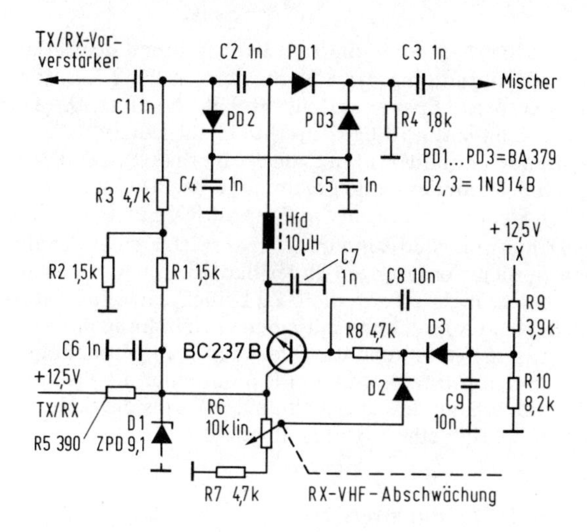

90 Schaltung des PIN-Dioden-Abschwächers

aktuellen Signalverhältnisse erlaubt. *Abb. 90* zeigt eine entsprechende Schaltung.

Der Vorwärtsstrom, den die PIN-Diode PD 1 für geringsten Durchlaßwiderstand benötigt, beträgt etwa 5 mA und wird vom Steuertransistor BC 237 B geliefert. Dazu muß der Dämpfungseinsteller R 6 etwa 8 V an die Transistorbasis bringen. Die beiden anderen PIN-Dioden PD 2 und PD 3 sind dann gesperrt, und es ergibt sich die geringste Durchlaßdämpfung des Systems mit rund 1 dB.

Setzt man die Steuerspannung des Transistors mehr und mehr bis auf das Minimum von etwa 2 V herab, so nimmt der Durchgangswiderstand der Längsdiode PD 1 entsprechend zu, während die Querdioden PD 2 und PD 3 in gleichem Maße öffnen; der Steuerstrom fließt jetzt mehr oder weniger über PD 2 und PD 3 und die Widerstände R 3 und R 4. Auf diese Weise läßt sich eine Signalabschwächung von maximal etwa 20 dB erreichen, die auch bei sehr starken Eingangssignalen für hinreichende Übersteuerungssicherheit des Mischers ausreicht.

In der Transverterschaltung wird das Dämpfungsglied auch vom TX-Signal passiert, was unbehindert vonstatten gehen muß. Deshalb erhält der Steuertransistor während des Sendens eine feste Basisspannung von 8 V, die der von der TX-Betriebsspannung gespeiste Spannungsteiler R 9/R 10 liefert. Das Glied ist somit zwangsläufig voll geöffnet, es bleibt lediglich die unbedeutende Grunddämpfung von 1 dB erhalten. Die Dioden D 2 und D 3 verhindern eine gegenseitige Beeinflussung der Transistor-Steuerspannungen für TX- und RX-Betrieb.

Das Dämpfungsglied *kann* in die Transverterschaltung einbezogen werden, Änderungen in der Bauteiledimensionierung sind so oder so nicht erforderlich. Zu berücksichtigen ist jedoch, daß die Signalabschwächung mit einer Verfälschung der S-Meter-Anzeige verbunden ist. Dem kann man bedingt abhelfen, indem man den Einstellknopf von R 6 mit einer dB-Eichung versieht und anhand des eingestellten dB-Wertes die S-Meter-Anzeige berichtigt; eine S-Stufe entspricht 6 dB.

2.5.5 Der TX-Leistungsverstärker

Dieser in *Abb. 91* gezeigte Schaltungszug ist dreistufig ausgelegt. Die VHF-Ausgangsleistung beträgt 10 W PEP beziehungsweise 5 W bei Einton-Aussteuerung. Die verwendeten Transistoren sind als Verstärkersatz konzipiert und leistungsmäßig genau aufeinander abgestimmt; RCA ist der Hersteller dieser handelsüblichen Bauteile.

T 3 und T 4 arbeiten im A-Betrieb für hohe Leistungsverstärkung. Die Gegenkopplungs-Widerstände R 9 und R 13 bewirken hohe Intermodulationssicherheit.

Die PA mit T 5 fährt im B-Betrieb mit etwa 40 mA Ruhestrom. Bei Einton-Vollaussteuerung werden etwa 0,8 A gezogen, entsprechend 1,6 A Spitzenstrom unter PEP-Bedingungen. Der B-Arbeitspunkt ist mittels der Diode D 2 thermisch stabilisiert und wird mit R 15 eingepegelt. Für hohe Arbeitspunktstabilität gegenüber Netzspannungs-Schwankungen sorgt der Stabilisator mit der Zener-Diode D 1.

Die Stromaufnahme der Transistoren läßt sich als Spannungsabfall an den Widerständen R 20 . . . R 23 messen.

Der Intermodulationsabstand der Senderschaltung über alles beträgt -25 . . . -30 dB, eher aber -25 dB. Das mutet auf den ersten Blick sehr gering an, mehr läßt sich aber nicht herausholen. Die in den Transistor-Datenblättern häufig genannten > -30 dB beziehen sich nur auf den betreffenden Transistor ohne

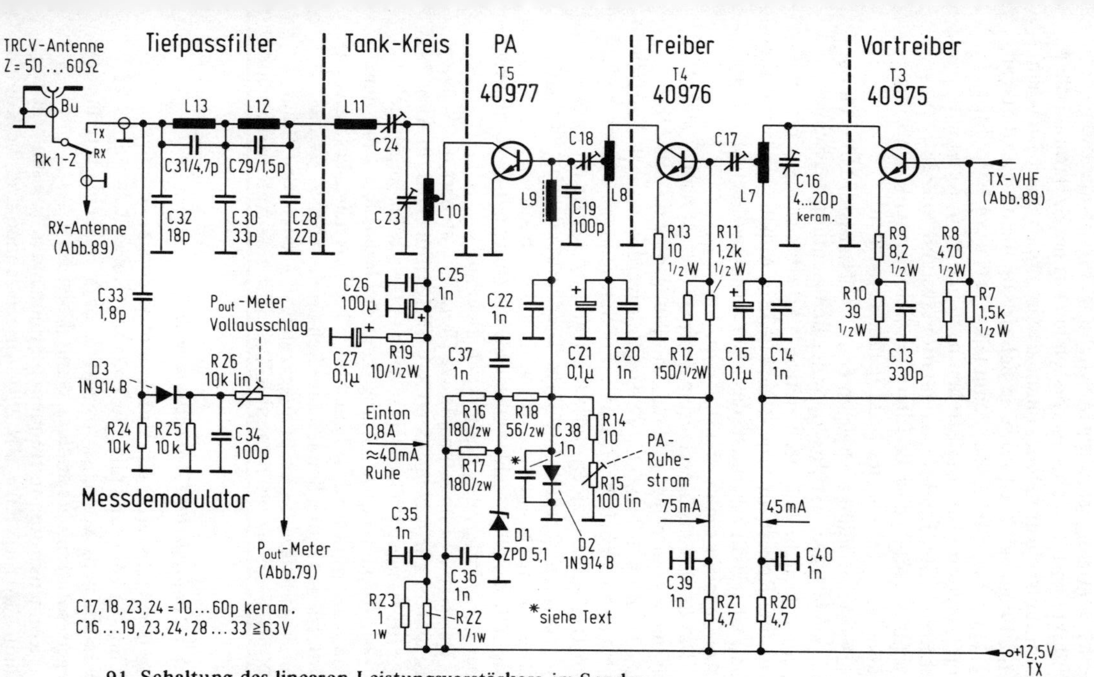

91 Schaltung des linearen Leistungsverstärkers im Sender

Berücksichtigung der übrigen Schaltung. Intermodulationsprodukte bestehen aber hauptsächlich aus der 3. Harmonischen der Modulationsfrequenz, fallen also in unmittelbare Nähe der Sendefrequenz (± 10 kHz), so daß sie vor allem als Einbuße an Signalqualität erscheinen, kaum jedoch als unzulässige Störstrahlung; was aber vom Streben nach besten Werten nicht abhalten sollte. Ein Intermodulationsabstand von -25 . . . -30 dB bedeutet, daß die Intermodulationsprodukte leistungsmäßig 0,3 . . . 0,1 % des Nutzsignals ausmachen.

Der Arbeitspunkt-Abgleich beim PA-Transistor läßt sich nur bei gleichzeitiger oszilloskopischer Beobachtung des Signals optimal vornehmen, „freihändiges" Arbeiten geht schief; der genannte Ruhestrom von 40 mA ist kein Anhalt, sondern variiert von Fall zu Fall erheblich (das ist grundsätzlich bei allen Transistor-Schaltungen der Fall).

Das der PA nachgeschaltete Tiefpaßfilter ist nach Cauer-Parametern ausgelegt und hat Dämpfungspole für 290 MHz (L 13) und 435 MHz (L 12). Die Pole werden mangels hinreichender Abgleichmöglichkeit kaum ihre Sollfrequenz treffen, bewirken aber auch so einen starken Dämpfungsanstieg im Filter-Sperrbereich oberhalb 150 MHz. Die Oberwellenabsenkung des Filters allein beträgt ≧ 40 dB, und da die Tank-Kreise ein Weiteres tun, fällt die abgestrahlte Oberwellenleistung mit ≧ -70 dB gegenüber der Nutzleistung unmerklich klein aus.

Der Meßdemodulator mit der Diode D 3 steuert das Meßinstrument zur Anzeige der TX-VHF-Leistung (z.B. in Abb. 79). Der Instrument-Vollausschlag wird mittels R 26 eingepegelt.

Zur Antennenumschaltung dient das Relais Rel 2 mit dem Umschaltkontakt Rk 1-2; in Abb. 84 ist das näher beschrieben. In Betriebsstellung Senden - im Schaltbild Abb. 91 ist die Relais-Ruhelage für Empfang gezeichnet - leitet Rk 1-2 das TX-Signal an die für TX und RX gemeinsame Antennenbuchse Bu.

2.5.6 Bauteile und Aufbauhinweise

Für den Transverter gilt einheitlich: Widerstände sind als Kohleschicht-Ausführung mit 5 % Toleranz (Reihe E 24) und 0,25 W Belastbarkeit, Kondensatoren für ≧ 25 V Betriebsspannung auszulegen, sofern nichts anderes vermerkt ist.

Kondensatoren in frequenzbestimmenden Kreisen erhalten einen TK von NP 0 . . . N 220. Ausgenommen sind die Komponenten C 1 . . . C 7 im temperaturkompensierten VFO-Kreis (Abb. 87) mit besonderer Angabe; die hier vorgeschriebenen Werte sind handelsüblich. Für Festwerte verwendet man am besten Miniatur-Ausführungen der Bauform EDPU (Draloric) mit etwa 6 x 6 x 2 mm Größe und 5-mm-Rastermaß der Anschlußdrähte.

Die Dimensionierung der Spulen in den Abb. 89 und 91 ist in *Abb. 92* zusammengestellt.

Für die Printplatte des TX-Leistungsverstärkers kann nur doppelseitig kaschiertes Material verwendet werden, sonst kommt es unweigerlich zu wilden Schwingungen, die sich nicht beseitigen lassen.

Für alle Printplatten - man kann den Transverter aber auch auf einer Platte aufbauen - gilt das Schema der Masseverbindungen, wie es in 2.4.4 für den SSB/CW-Aufbereiter beschrieben ist; man sollte sich grundsätzlich an das dort beschriebene Bauprinzip halten.

Abb. 92. Dimensionierung der Spulen in Abb. 89 und 91

Bauteil	Ausführung
L 1*	5,5 Wind., 0,5 mm CuL
L 2*	6,5 Wind., 0,5 mm CuL, Anzapf bei 0,5 Wind. v. kalten Ende
L 3*, 5*	6,5 Wind., 0,5 mm CuL
L 4	4 Wind., 0,5 mm CuL, über L 3 wickeln
L 6*	6,5 Wind., 0,5 mm CuL, Anzapf bei 1,5 Wind. v. kalten Ende
L 7	7 Wind., 0,8 mm CuAg, 5 mm Innen-Ø, 18 mm lang, Anzapf bei 2 Wind. v. kalten Ende
L 8	6 Wind., 0,8 mm CuAg, 5 mm Innen-Ø, 15 mm lang, Anzapf bei 2 Wind. v. kalten Ende
L 9	Ferrit-Drossel, Z 470 Ω/150 MHz
L 10	9 Wind., 0,8 mm CuAg, 5 mm Innen-Ø, 15 mm lang, Anzapf bei 6 Wind. v. kalten Ende
L 11	3 Wind., 0,8 mm CuAg, 5 mm Innen-Ø, 6 mm lang
L 12, 13	6 Wind., 0,8 mm CuAg, 5 mm Innen-Ø, 15 mm lang

*** Auf Vogt-Spulenbausatz D 41-2438 wickeln; Kern nicht verwenden!**

Die Diode D 2 für die Arbeitspunkt-Stabilisierung bedarf einiger Beachtung: Sie ist für besten thermischen Gleichlauf mit T 5 auf dessen Kopf aufzukleben (Zweikomponenten-Kleber, z.B. UHU-Plus). Den Dioden-Fußpunkt lötet man an die unmittelbar dem Transistor benachbarte Abschirmwand bei geringstmöglicher Länge des Anschlußdrahtes. Der parallel liegende Siebkondensator C 38 muß gleichermaßen kurz angeschlossen und mit seinem Fußpunkt an die Abschirmwand gelegt werden.

Die Treiber-Transistoren T 3 und T 4 erhalten Kühlsterne; Vorsicht! sie führen Betriebsspannung.

Für das Antennenrelais Rel 2 muß eine Ausführung mit keramischer Isolation des Kontaktsatzes verwendet werden, außerdem ist auf ausreichende Belastbarkeit zu achten; eine koaxiale Type ist jedoch nicht erforderlich. Die Kontaktanschlüsse sollten in unmittelbarer Nähe der Antennenbuchse liegen, denn dann kann man diese kurze Zwischenverbindung unabgeschirmt ausführen.

Es kann bei aller Obacht aber in der Hitze des Gefechts vorkommen, daß man den Sender ohne angeschlossene Antenne oder eine Widerstandslast in Betrieb nimmt. Das nimmt der 40977. mit seinen 25 W Kollektor-Verlustleistung ohne Murren hin!

2.6 Einiges über UKW-Antennen

2.6.1 Richtantennen als Hochfrequenzverstärker

Eine gute Antenne ist der beste Hochfrequenzverstärker, lautet eine alte Weisheit der Hf-Hasen, und wie zutreffend sie ist, zeigt sich ganz besonders auf den UKW-Bändern, wo sich wirksame Richtantennen mit verhältnismäßig geringen räumlichen Abmessungen einsetzen lassen. *Abb. 93* zeigt, welche beachtlichen Leistungs/Spannungsgewinne mit recht einfachen und auch preisgünstigen Ausführungen bewirkt werden können. Die angeführten Beispiele berücksichtigen sowohl die konventionellen Richtstrahler vom Yagi-Typ, wie auch die immer häufiger verwendeten Kreuz-Yagis und Skelettschlitz-Systeme, die sich besonders im DX-Verkehr immer größerer Beliebtheit erfreuen.

Weichen Angaben über den Antennengewinn stark nach oben hin von den in Abb. 93 angeführten Werten ab, so beziehen sie sich wahrscheinlich auf den nur theoretisch dar-

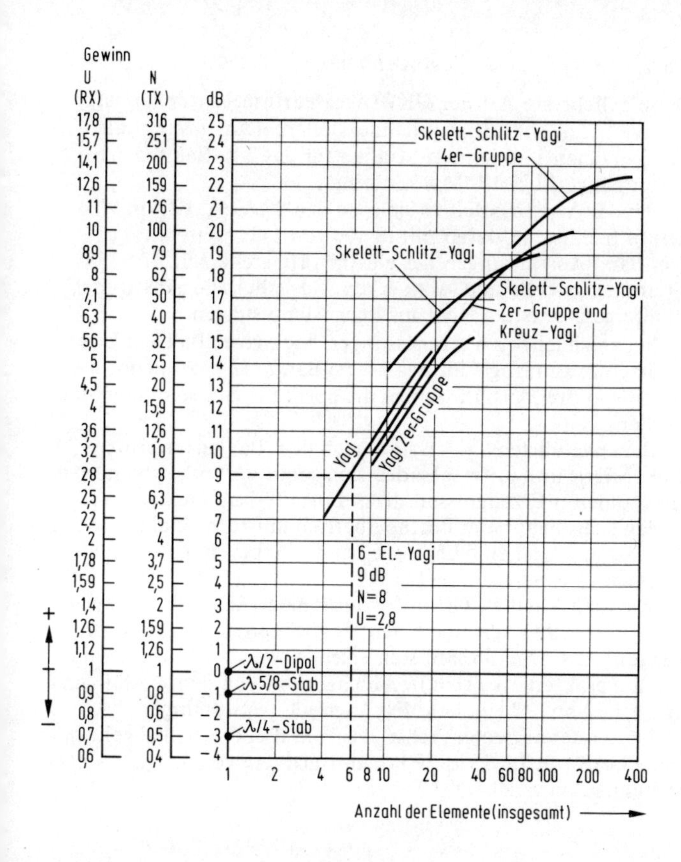

93 Leistungs/Spannungsgewinn verschiedener Antennenarten und -formen

stellbaren Kugelstrahler; dieser Maßstab wird im englischen Sprachraum häufig verwendet. Auf den Dipol bezogen, der bei uns als Maßstab zur Gewinnbewertung dient, müssen diese Daten um 2 dB herabgesetzt werden. Für Antennen „undurchsichtiger" Herkunft werden nicht selten auch vollkommen unrealistische Phantasiewerte genannt, deshalb Vorsicht bei solchen Erzeugnissen.

2.6.2 Langbewährt: Yagi-Antennen

Diese beliebteste Art der UKW-Amateurfunk-Antennen ist in zahlreichen Ausführungen handelsüblich. *Abb. 94* zeigt als Beispiel einen 10-Element-Strahler für das 2-m-Band, der bei 3,3 m Länge 11,5 dB Gewinn bringt.

Bei der Abb. handelt es sich um den Typ UY 12 von Wisi, dessen technische Daten mit denen von zwei weiteren 2-m-Band-Ausführungen des gleichen Herstellers in *Abb. 95* zusammengestellt sind. Man erkennt deutlich die günstigen Richtcharakteristika trotz mäßiger Abmessungen.

Bei vergleichbaren Abmessungen noch vorteilhaftere Eigenschaften zeigen Yagis für das 70-cm-Band. *Abb. 96* nennt die Daten von drei Ausführungen, die ebenfalls von Wisi hergestellt werden.

Die angeführten Typen sind nach dem Baukastenprinzip konstruiert; und unterscheiden sich somit vorteilhaft von manchen anderen Erzeugnissen. Kein Einzelteil ist länger als 1,2 m, so daß sich sogar beim Portabelbetrieb mit recht kleinen Traglasten umgehen läßt, sogar bei der Arbeit mit Antennengruppen.

Wie man Yagis zu Gruppen zusammenschalten kann, zeigt *Abb. 97* mit vier verschiedenen Möglichkeiten für 2er-Anordnungen. Aus *Abb. 98* läßt sich ersehen, welche Gewinne und Richtcharakteristika sich in Abhängigkeit von den Abständen *a* und *b* in Abb. 97 ergeben. Für Vierfach-Anordnungen 2-über-2 oder auf einer Achse horizontal oder vertikal geht man sinngemäß vor. In *Abb. 99* erkennt man ein vertikal gestocktes System aus viermal UY 12.

94 10-Element-Yagi für das 2-m-Band (Foto: Wisi)

Abb. 95. Daten verschiedener 2-m-Yagis von Wisi

Bestell-Nr.	UY 07	UY 10	UY 12
Elemente	4	8	10
Davon Reflektoren	1	2	2
Frequenzbereich MHz	144-146	144-146	144-146
Gewinn dB*	7	10	11,5
Öffnungswinkel horizontal (E-Ebene)	60°	49°	37°
Öffnungswinkel vertikal (H-Ebene)	68°	53°	45°
Rückdämpfung dB	16	>26	>30
Nebenzipfeldämpfung dB	26	25	17,7
Anpassung VSWR	1,1	1,2	1,1
Länge der Antenne mm	1200	2300	3300

*Der Gewinn ist auf den λ/2-Strahler bezogen. Verluste sind in der Angabe enthalten.

Abb. 96. Daten verschiedener 70-cm-Yagis von Wisi

Bestell-Nr.	UY 61	UY 61 + UY 67	UY 61 + UY 67 + UY 73
Elemente	11	17	23
Reflektoren	4	4	4
Frequenzbereich MHz	430-440	430-440	430-440
Gewinn dB*	9,8	12,3	14,0
Öffnungswinkel horizontal (E-Ebene)	44,5°	34°	26°
Öffnungswinkel vertikal (H-Ebene)	48°	36°	28°
Rückdämpfung dB	23	26	26
Anpassung VSWR	1 : 1,2	1 : 1,1	1 : 1,1
Länge der Antenne mm	1095	2115	3210

* Der Gewinn ist auf den λ/2-Strahler bezogen. Verluste sind in der Angabe enthalten.

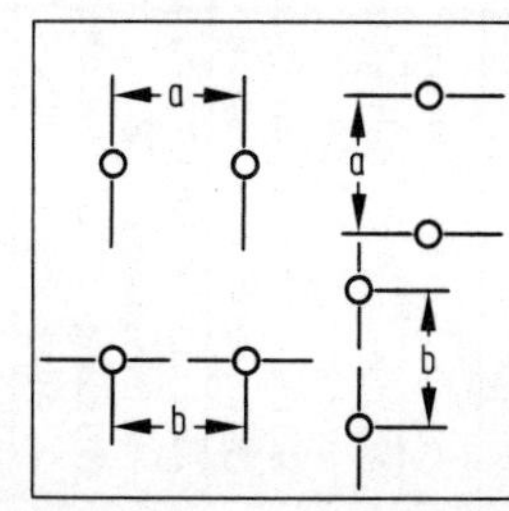

97 Hilfszeichnung für Abb. 98

Abb. 98. Dimensionierung von 2er-Gruppen aus Wisi-Antennen und die sich ergebenden Gewinne und Richtcharakteristika*

	UY 07	UY 10	UY 12	UY 61	UY 61 + UY 67	UY 61 + UY 67 + UY 73	
Gewinne der Einzelebene	7 dB	10 dB	11,5 dB	9,8 dB	12,3 dB	14,0 dB	
Abstand „a“ für Gewinnzuwachs von + 2,0 dB	1050 mm	1200 mm	1700 mm	470 mm	600 mm	770 mm	
Öffnungswinkel horizontal	60°	49°	37°	44,5°	34°	26°	
Öffnungswinkel vertikal	47°	33°	26°	30°	24°	20°	H
Abstand „a“ für Gewinnzuwachs von + 2,6 dB	1380 mm	1600 mm	2250 mm	620 mm	790 mm	1300 mm	
Öffnungswinkel horizontal	60°	49°	37°	44,5°	34°	26°	
Öffnungswinkel vertikal	40°	28°	24°	26°	22°	18°	
Abstand „b“ für Gewinnzuwachs von + 2,3 dB	1080 mm	1480 mm	1850 mm	580 mm	700 mm	860 mm	
Öffnungswinkel horizontal	34°	28°	21°	25°	22°	18°	
Öffnungswinkel vertikal	77°	53°	45°	48°	36°	28°	E
Abstand „b“ für Gewinnzuwachs von + 2,8 dB	1440 mm	1970 mm	2470 mm	770 mm	940 mm	1150 mm	
Öffnungswinkel horizontal	31°	25°	19°	23°	20°	16°	
Öffnungswinkel vertikal	77°	53°	45°	48°	36°	28°	

* Die Tabelle wird in Verbindung mit Abb. 97 ausgewertet.

99 Antennengruppe für das 2-m-Band, bestehend aus vier 10-Element-Yagis (Foto: Wisi)

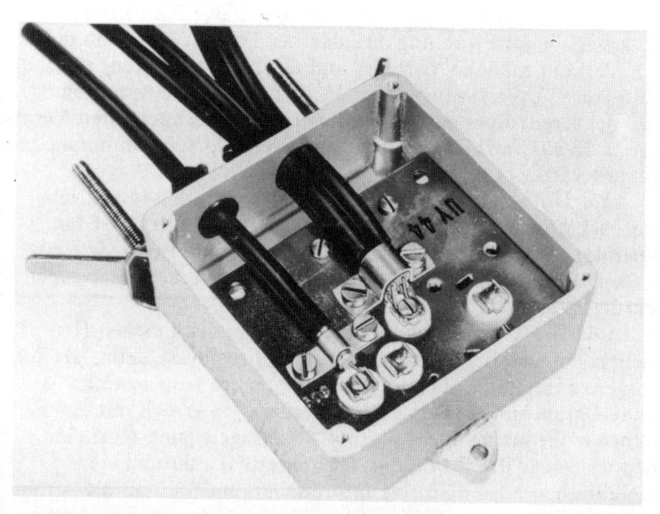

100 Transformationsglied zur Verknüpfung von vier Antennen zu einer 4er-Gruppe (Foto: Wisi)

Das Zusammenschalten von Einzel-Yagis zu einer Gruppe muß mittels Kabel ganz bestimmter Länge erfolgen. Beachtet man das nicht minuziös, so endet die ganze Arbeit leicht mit einem totalen Mißerfolg. Viel einfacher ist es deshalb, wenn man ein fertiges Transformationsglied verwendet, was man von manchen Antennenherstellern als Zubehör beziehen kann. Dann kommt es nicht mehr auf ganz bestimmte Längen an, sondern nur noch darauf, daß die Kabel zwischen den einzelnen Antennen einerseits und dem Transformationsglied andererseits von gleicher, ansonsten aber beliebiger Länge sind.
Abb. 100 zeigt ein Transformationsglied, das Wisi für vier Einzelantennen im 2-m-Band liefert, eine Ausführung für zwei Einzelantennen und entsprechende Auslegungen für das 70-cm-Band sind ebenfalls verfügbar; sie vertragen bis zu 1 kW Last und haben ≦ 0,5 dB Durchlaßdämpfung.

2.6.3 Der Kreuz-Yagi

Diese Bauform besteht aus zwei normalen Yagi-Antennen, die auf einem gemeinsamen Tragrohr mit um 90 Grad gegeneinander verdrehten Systemen montiert sind. Bei dieser Bauform fällt die Polarisation der Strahlung zirkular aus. Das hat vor allem im DX-Verkehr manche Vorteile, und führt beim Empfang häufig zu S-Wert-Verbesserungen von 1 . . . 2 Stufen. Zu beachten ist, daß der Kreuzdipol gegenüber dem einfachen Dipol einen Verlust von 3 dB aufweist, der aber durch andere Vorteile immer ausgeglichen wird.

Abb. 101 zeigt einen Kreuz-Yagi von Wisi, dessen Betriebseigenschaften in *Abb. 102* zusammengestellt sind. Er ist für Vormast-Montage ausgelegt, wodurch störende Einflüsse eines metallischen Tragrohres auf das Antennensystem unterbunden werden.

In *Abb. 103* ist ein weiterer Kreuz-Yagi des gleichen Herstellers vorgestellt, der weitaus bessere Ergebnisse liefert als der vorgenannte, dafür aber auch fast dreimal so lang ausfällt; seine Daten sind in *Abb. 104* aufgeführt. Da er sich mit 3,7 m Länge nicht mehr für die Vormast-Montage eignet, wird eine Beeinflussung der Strahlungs-Charakteristika durch einen metallischen Mast dadurch unterbunden, indem man die Antennenachse um 45 Grad verdreht, so daß die Elemente in diesem Winkel zum Mast ausgerichtet sind; Abb. 103 zeigt das deutlich.

101 2x4-Element-Kreuz-Yagi für das 2-m-Band (Foto: Wisi)

Abb. 102. Daten des Kreuz-Yagis UY 03 von Wisi

Frequenzbereich	136-146 MHz
Antennenlänge	1300 mm
Gewinn (bzw. a. Kreuzdipol)	7 dB
Rückdämpfung	16 dB
Öffnungswinkel	60°
Belastbarkeit der Einzelebene	200 W
Belastbarkeit der Gesamtebene	400 W
Kabelanschluß	50/60 Ohm (λ/2-Umwegltg. eingebaut)
Polarisation i. Lieferzustand	zirkular, rechtsdrehend

Für beide Ausführungen werden Verbindungsleitungen mitgeliefert, die nicht gekürzt werden dürfen. Die Polarisation ist dann rechtsdrehend zirkular. Durch Veränderung der Kabellänge zum vorderen Dipol, die im Original 1382 mm beträgt, läßt sich die Polarisationsrichtung ändern: Gibt man 340 mm (412 mm) zu, stellt sich vertikale Polarisation ein, mit 680 mm (824 mm) Zugabe erhält man linksdrehend zirkulare Polarisation und mit einem Plus von 1020 mm (1236 mm) ist die Polarisation horizontal; bei den angegebenen Maßen gelten die offenen Werte für

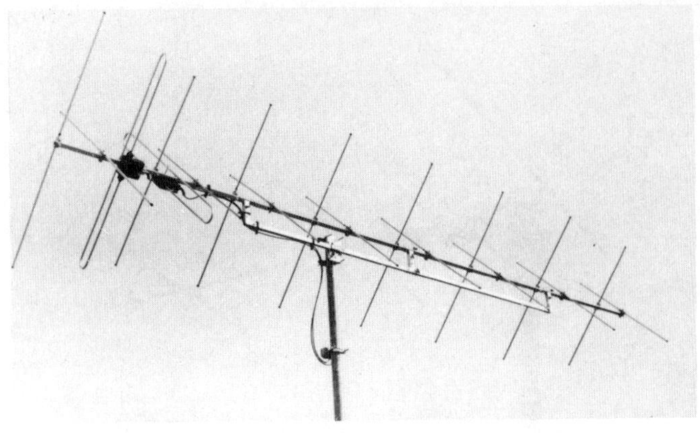

103 2x9-Element-Kreuz-Yagi für das 2-m-Band (Foto: Wisi)

Abb. 104. Daten des Kreuz-Yagis UY 04 von Wisi

Frequenzbereich	136-146 MHz
Antennenlänge gesamt	3700 mm
Gewinn (bzw. a. Kreuzdipol)	11 dB
Rückdämpfung	20 dB
Öffnungswinkel	40°
Belastbarkeit der Einzelebene	200 W
Belastbarkeit der Gesamtebene	400 W
Kabelanschluß	50/60 Ohm
Polarisation im Lieferzustand	zirkular, rechtsdrehend

Kabel mit fester Isolation und die Klammerwerte für schaumstoffisolierte Leitungen.

2.6.4 Einfache Antennen für den OSCAR-Verkehr

Der Verkehr über Amateursatelliten ermöglicht interkontinentale Reichweiten und ist deshalb mit besonderer Aktualität verbunden. Auf den ersten Blick sollte man meinen, daß sich dieser Weg durch den Weltraum nur mit guten Richtantennen und komplizierten Antennenantrieben für die horizontale und vertikale Strahlerführung begehen läßt. Aber man kommt auch mit viel geringerem Aufwand aus.

Es genügen nur horizontal nachführbare Antennen, wenn man den Strahler etwa um 30 Grad nach oben anwinkelt. Infolge der Einwirkung des Erdbodens „schielt" die Strahlungskeule dann mit etwa 45 Grad Erhebungswinkel und erfaßt einen großen Teil des Himmelsgewölbes. Dieser Kniff setzt aber voraus, daß die Richtwirkung der Antenne nicht zu groß ist. Einfache 4-Element-Yagis mit einem Öffnungswinkel von rund 60 Grad sind günstig, bei erheblich stärkerer Bündelung geht der Satellit in Horizontnähe und im Zenith mit Sicherheit „verloren". Ein 4-Element-Yagi bringt etwa 7 dB Gewinn, und das reicht fast immer aus. Besonders bewährt haben sich Kreuz-Yagis nach Art des UY 03 (Abb. 101) mit zirkularer Polarisation; optimal ist natürlich umschaltbare Polarisation.

Ganz ohne Antennennachführung kommt man aus, wenn man einen senkrecht nach oben strahlenden Kreuzdipol mit Flächenreflektor verwendet; im englischen Sprachraum nennt man dieses System *Turnstile*-Antenne. Sie muß für diesen Zweck ohne Direktoren ausgelegt sein, bringt also auch keinen Gewinn, und deshalb sind für OSCAR-7-Verbindungen 50 . . . 100 W TX-Leistung und ein hochempfindlicher Empfänger erforderlich. Da diese Antennenform nicht handelsüblich ist, muß man den Weg des Selbstbaues beschreiten.

Abb. 105 zeigt eine Skizze des Systems. Das Montagegerippe muß aus nichtleitendem Material sein, am besten aus Holz. Die Kantenlänge des Flächenreflektors ist für das 2-m-Band mit 1,3 x 1,3 m ausgelegt. Als Reflektor-Material verwendet man „Küken"-Draht, dessen Einzeldrähte an ihren Kreuzungspunkten den notwendigen sicheren elektrischen Kontakt haben.

Der Kreuzdipol und seine Verkabelung wird anhand *Abb. 106* angefertigt. Für den Dipol verwendet man Kupferdraht von 2 mm Dicke, der mittels Holzleisten zu versteifen ist. Bei der Bemessung der $\lambda/4$-Kabellängen muß der Verkürzungsfaktor des Kabeltyps berücksichtigt werden, der für beide Ausführungen 0,66 beträgt, und die Längen sind somit $\lambda/4 \times 0{,}66 = 515 \text{ mm} \times 0{,}66 = 340 \text{ mm}$.

Die Anschlußimpedanz der Antenne beträgt 72 Ω, die Polarisation ist zirkular.

Abb. 107 zeigt vertikale Richtdiagramme der Antenne, wie sie sich in Abhängigkeit vom Abstand des Kreuzdipols vom Reflektor ergeben: Die Kurve in *a* gilt für 0,37 λ Abstand und ist für die Praxis am vorteilhaftesten; die Charakteristik in *b* stellt sich bei 0,22 λ Abstand ein; in *c* zeigen sich die Verhältnisse für 1,5 λ Abstand. Optimale Ergebnisse erzielt man mit einer Verstelleinrichtung für den Reflektorabstand.

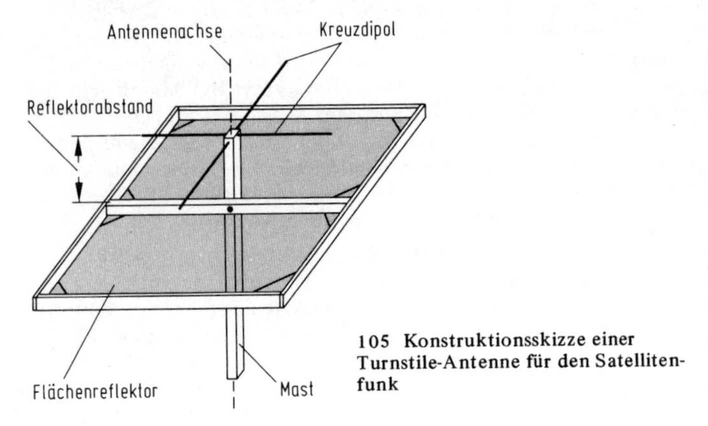

105 Konstruktionsskizze einer Turnstile-Antenne für den Satellitenfunk

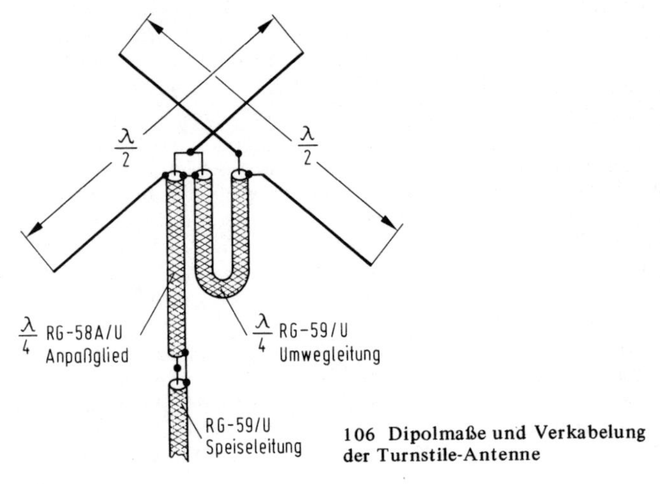

106 Dipolmaße und Verkabelung der Turnstile-Antenne

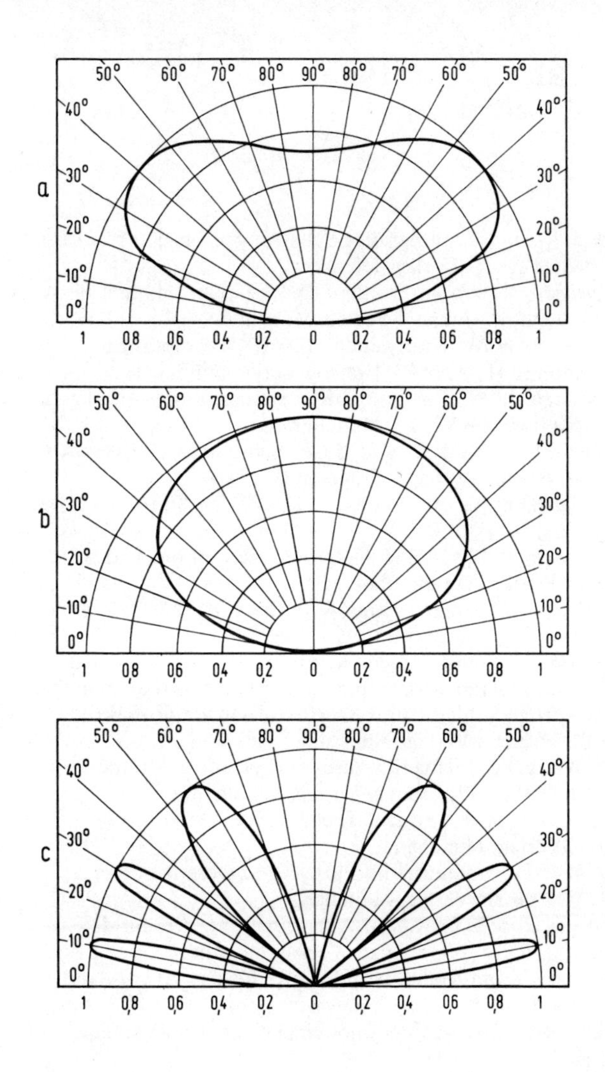

107 Verschiedene Vertikal-Richtdiagramme der Turnstile-Antenne für verschiedene Reflektorabstände

Literatur

Birchel, Reinhard: Integrierte Schaltungen für den Funkamateur. RPB 176, Franzis-Verlag, München.
Diefenbach, W. W.: Kurzwellen- und UKW-Empfänger für Amateure I. RPB 41, Franzis-Verlag, München.
Diefenbach, W. W.: Kurzwellen- und UKW-Empfänger für Amateure II. RPB 42, Franzis-Verlag, München.
Diefenbach, W. W.: KW- und UKW-Sender für den Funkamateur. RPB 180, Franzis-Verlag, München.
Diefenbach, W. W.: KW- und UKW-Amateurfunk-Antennen. RPB 44, Franzis-Verlag, München.
Diefenbach, W. W.: Amateurfunk-Handbuch. Franzis-Verlag, München.
Diefenbach, W. W.: Handfunksprechgeräte in der Praxis. Richard Pflaum Verlag, München.
Gerzelka, G.E.: Amateurfunk-Superhets. RPB 108, Franzis-Verlag, München.
Koch, Harry: Transistorsender. Franzis-Verlag, München.
Koch, Harry: Transistorempfänger. Franzis-Verlag, München.
Kühne, Fritz: Schliche und Kniffe für den Radiopraktiker. RPB 88, Franzis-Verlag, München.
Link, Wolfgang: Meßgeräte und Meßverfahren für den Funkamateur. RPB 157, Franzis-Verlag, München.
Pelka, Horst: SSB- und ISB-Technik. RPB 38, Franzis-Verlag, München.
Pietsch, H.J.: Amateurfunk-Fernschreibtechnik RTTY. RPB 25, Franzis-Verlag, München.
Reithofer, Josef: Transistor-Amateurfunkgeräte für das 2-m-Band. RPB 109, Franzis-Verlag, München.
Reithofer, Josef: Amateurfunkgeräte für das 70-cm-Band. RPB 174, Franzis-Verlag, München.
Rothammel, Karl: Antennenbuch. Telekosmos-Verlag, Stuttgart.
Stein, Walter: Wetterkunde. Klasing-Verlag, Bielefeld.
Astronomie. Lexikon in der Fischer-Bücherei, Frankfurt/M.
Geophysik. Lexikon in der Fischer-Bücherei, Frankfurt/M.

Sachverzeichnis

Weitere RPB-electronic-taschenbücher

RPB 25

Amateur-Funkfernschreibtechnik RTTY. Von H.-J. Pietsch. – Fernschreibelektronik-Gerätebeschreibung – Betriebstechnik. Dreifachband. DM 9.80.

ISBN 3-7723-0251-3

RPB 30

UHF-Amateurfunk-Anntennen. Von Josef Reithofer. – Theorie, Dimensionierung und praktischer Nachbau für das 70-, 23- und 13-cm-Amateurfunkband. Dreifachband. DM 9.80.

ISBN 3-7723-0301-3

RPB 38

SSB- und ISB-Technik. Von Horst Pelka. – Einführung in die moderne Einseitenband- und Independent-Side-Band-Technik. Vierfachband. DM 12.80.

ISBN 3-7723-0381-1

RPB 44

KW- und UKW-Amateurfunk- Antennen. Von W. W. Diefenbach/W. Geyrhalter. – Wie in der Antennentechnik theoretische Grundlagen kombiniert mit praktischen Erfahrungen große Reichweiten ermöglichen. Dreifachband. DM 9.80.

ISBN 3-7723-0441-9

RPB 58

Morselehrgang für den Funkamateur. Von W. W. Diefenbach. – Morseübungen, Prüfungsaufgaben, Bauanleitungen. Zweifachband. DM 7.80.

ISBN 3-7723-0580-6

RPB 98

Jedermann-Funk. Von Henning Kriebel/Christian Rockrohr. – Das Hobby auf dem 11-m-Band; Geräte – Reichweiten – Betrieb. Einfachband. DM 4.80.

ISBN 3-7723-0981

Franzis-Verlag, München

Was halten Sie von diesem Buch?
Das möchten wir gerne wissen.
Setzen Sie ein paar Stichworte auf. Das genügt.
Vielen Dank sagt Ihnen der

Franzis-Verlag

KD - Klassiffiz.ziffer

Urteil über ______________________

______________________ (Buchtitel)

Fachgebiete, die mich besonders interessieren:

1. Hobby-Elektronik ☐
2. Elektroakustik ☐
3. Radio + TV-Elektronik ☐
4. Industrie-Elektronik ☐
5. Elektronische Meßtechnik ☐
6. Informatik (EDV) ☐
7. Amateurfunk ☐

Auf dieses Buch wurde ich aufmerksam durch:

- Prospekt ☐
- Besprechung ☐
- Schaufenster ☐
- Anzeige ☐
- Empfehlung ☐

____
Vorname/Name

____
Beruf

____
Straße

____
Postleitzahl/Ort